电气设备故障试验诊断 攻略

避雷器

丛书主编　包玉树
本册主编　黄　芬

中国电力出版社
CHINA ELECTRIC POWER PRESS

内 容 提 要

为加强对电气设备的检查维护和故障诊断力度，确保电气设备安全稳定运行，特编写了《电气设备故障试验诊断攻略》丛书。本书是丛书的《避雷器》分册。

《避雷器》分册共分五章，分别为概述、避雷器试验诊断基本理论、避雷器典型故障案例分析、避雷器故障诊断新技术、避雷器缺陷及故障的处置。本书先从避雷器的基本结构、原理和试验方法入手，阐述了避雷器故障分析的理论基础，在此基础上，分析各部件不同类型故障起因及预防措施。之后，从大量故障案例出发，详细介绍不同的故障分析、处理方法，并介绍了目前最新型的故障监测技术，为在实际工作熟练运用现有的技术手段，全面监测附件运行状态以及时发现缺陷和故障隐患提供参考。

本套丛书可供电力系统从事电气设备安装、运维、检修以及电气试验的工程技术人员使用，也可作为高等院校相关专业师生的学习参考资料。

图书在版编目（CIP）数据

电气设备故障试验诊断攻略. 避雷器 / 黄芬主编；包玉树丛书主编 . —北京：中国电力出版社，2018.12

ISBN 978-7-5198-2755-7

Ⅰ . ①电… Ⅱ . ①黄…②包… Ⅲ . ①电气设备－故障诊断②避雷器－故障诊断 Ⅳ . ① TM07 ② TM862

中国版本图书馆 CIP 数据核字（2019）第 100199 号

出版发行：中国电力出版社
地　　址：北京市东城区北京站西街 19 号（邮政编码 100005）
网　　址：http://www.cepp.sgcc.com.cn
责任编辑：王　南（010-63412876）
责任校对：黄　蓓　常燕昆
装帧设计：赵姗姗
责任印制：石　雷

印　　刷：三河市百盛印装有限公司
版　　次：2019 年 7 月第一版
印　　次：2019 年 7 月北京第一次印刷
开　　本：787 毫米×1092 毫米　16 开本
印　　张：6.5
字　　数：140 千字
印　　数：0001—1500 册
定　　价：28.00 元

版 权 专 有　侵 权 必 究

本书如有印装质量问题，我社营销中心负责退换

《电气设备故障试验诊断攻略》丛书编委会
审定委员会

主　　任　黄志高

副 主 任　陈　晟　卞康麟

委　　员　（按姓氏笔画排序）

马生坤　王丽峰　水为涟　吉　宏　许焕清　杜　森
李　杰　李瑶红　吴　俊　张红光　祝和明　徐建军
翟学锋

编写委员会

丛书主编　包玉树

丛书参编　（按姓氏笔画排序）

马生坤　马君鹏　王成亮　王伟津　王庆胜　王如山
王丽峰　王泽仁　王建刚　卞康麟　邓嘉欣　甘　强
叶加星　付　慧　司增彦　朱孟周　刘　洋　孙和泰
孙景奕　孙　熊　杜　森　杨小平　杨世海　杨景刚
李夕强　李　军　李　勇　李瑶红　吴　俊　吴　剑
张兴沛　陈华桂　陈志勇　陈　杰　陈明光　范　忠
周　源　孟　嘉　赵　胤　胡永建　钟子娟　钟永和
祝和明　秦嘉喜　贾勇勇　徐敏锐　殷　峰　高　山
高　嵩　黄亚龙　黄　芬　黄　磊　隋东硼　衡思坤

本册编写人员

主　　编　黄　芬

参　　编　赵　胤　杨小平　蒋　煊　蒋　頔　吴裕锋　董典帅
　　　　　吴　曦　田　栋　刘心宇　陆炜晟

前　言

目前，国家电网有限公司立足自主创新，大力发展特高压和智能电网并取得了重大突破，实现了"中国创造"和"中国引领"，电力事业日新月异，蓬勃向前。国网江苏省电力有限公司的广大员工随潮而动，逐梦而飞。在此背景下，经过近四年的筹划、组织、立项、编撰、审核、修改，《电气设备故障试验诊断攻略》丛书与读者见面了。

本套丛书按照一次设备的种类分别成册，内容涵盖设备结构、针对性试验、典型故障、诊断攻略等方面，重点放在具有可操作性的故障诊断上。丛书中所列故障案例，既有作者的亲身经历，也有收集借鉴的他山之石，经过筛选、加工一一呈现在读者面前，期望这套丛书能给读者带去不一样的收获。本套丛书各分册内容安排主要以故障描述、缺陷排查、综合分析、诊断攻略的形式呈现，另外对专业领域的试验与诊断新技术做了前瞻性叙述。

《避雷器》分册共分五章，分别为概述、避雷器试验诊断基本理论、避雷器典型故障案例分析、避雷器故障诊断新技术、避雷器缺陷及故障的处置。本书先从避雷器的基本结构、原理和试验方法入手，阐述了避雷器故障分析的理论基础，在此基础上，分析各部件不同类型故障起因及预防措施。之后，从大量故障案例出发，详细介绍不同的故障分析、处理方法，并介绍了目前最新型的故障监测技术，为在实际工作熟练运用现有的技术手段，全面监测避雷器运行状态以及时发现缺陷和故障隐患提供参考。

在本书内容编撰过程中，得到了国网江苏省电力有限公司领导的大力支持，书中也参考了其他电力公司的设备故障案例，引用了一些研究成果及试验数据，在此对相关单位的领导和专家表示衷心的感谢。

本套丛书可供电力系统从事电气设备安装、运维、检修以及电气试验的工程技术人员使用，也可作为高等院校相关专业师生的学习参考资料。

由于各分册作者均为在职电力系统专家，利用工作之余的时间编写，时间仓促，书中仍有疏漏与不足之处，敬请读者批评指正。

编　者

2018 年 8 月

目　录

第一章

概　述

在电力系统中，发、输、变、配的每个环节是由各种各样的高低压设备所构成，每种设备完成不同的功能。在系统中，避雷器主要用来限制其他电气设备绝缘上承受的过电压，直接决定着重要电力设备的绝缘水平并影响整个工程的投资。相对来说，避雷器结构简单、体积小、价格低，但其在系统中的地位非常重要。现代避雷器除限制雷电过电压外，还能限制一部分操作过电压。避雷器的残压是电气设备绝缘配合的重要参数，其残压有雷电冲击、操作冲击、陡波冲击等，在不同电压等级的系统中，各种过电压对系统的影响是不同的。例如电压等级较低的系统中雷电过电压幅值较高，而220kV以上系统中操作过电压越来越严重，因此所选取作为绝缘配合的冲击残压的主要依据和考虑的侧重点也是不同的。而对于电容器组，起合闸涌流较大，对避雷器的通流容量有较高要求，因此对不同的系统，避雷器选型有不同要求，试验人员应有所了解，才能在具体试验诊断中有的放矢。

对避雷器的基本要求是在系统正常电压下呈现高阻抗，只流过微安级的泄漏电流；在过电压下呈现低阻抗，可以通过千安级的电流。所以在系统正常情况下流过避雷器的电流很小，在某些特定过电压（不针对所有过电压）的情况下能可靠地吸收、释放掉能量，在故障消除后又能迅速恢复到高阻抗小电流状态，从而将过电压幅值降至被保护设备绝缘可以承受的范围，避免设备遭受过电压的破坏。

可以说避雷器的发展轨迹就是寻求某种具有良好非线性伏安特性材料的历史。同时由于这种非线性材料在长期系统电压作用下会产生老化和劣化，因此需要通过试验和监测手段来及早发现这些缺陷，及时消除隐患，防止避雷器在过电压作用下保护能力下降、失效甚至自身发生故障。所以，避雷器发生的故障与其结构和安装位置的电气环境均有关系，应避免由于选型错误而引起的避雷器故障。

避雷器作为一种保护设备总是和被保护设备并联在一起，可以是单独的避雷器，也可以根据需要配置间隙、放电计数器、监测器及在线监测装置等附件组成一个系统，对于高电压等级的避雷器还应装设均压环。这些附件的安装及其性能也影响着避雷器整体功能，在进行避雷器试验诊断时也需要了解避雷器的整体结构、主要附件及其安装、运维、检查、试验要求，才能准确地找到缺陷的部位和原因。

第一节 避雷器的结构

一、避雷器整体结构简介

在电力系统中，避雷器的整体结构相对较为简单，避雷器在整体结构上主要是避雷器的本体，不同型式的避雷器，其本体内主要部件也不同，常见的避雷器的本体结构主要包括外护套、阀片（电阻片）、防爆膜、内部压紧弹簧、支撑杆、隔弧筒、密封盖板等，在后面介绍避雷器的分类及发展历程中会结合各类型避雷器的介绍进行详细说明。

避雷器除了本体以外还有一些附件，常见的附件包括：上部接线桩、均压环、下部底座、外护套泄漏电流接地屏蔽环、底部脱离器、监测器（具有放电计数器、泄漏电流表功能）、接地装置及为实现对避雷器性能的实施监测而增加的具有数据检测、传输、分析和诊断功能的在线监测装置等，这些附件在实际应用中，可以根据设备的电压等级、安装位置、系统绝缘保护配合等实际需要进行选择性安装。

下面以目前常用的 220kV 避雷器为例对避雷器及其附件整体结构进行简单介绍，较为完整的避雷器结构示意图见图 1-1。避雷器的附件在之后的章节中进行详细说明。

二、避雷器的分类及结构

避雷器的发展主要在于结构形式的改变和材料的进步，常用的避雷器类型有保护间隙，管型、阀式和金属氧化物避雷器等，下面对其结构进行简单说明。

1. 保护间隙结构

最简单的防雷装置是可以具有不同几何形状的放电间隙，其原理结构见图 1-2，保护间隙一般用镀锌圆钢制成，由主间隙和辅助间隙两部分组成。主间隙做成角形的，水平安装，以便灭弧。为了防止主间隙被外物短路而引起误动作，在主间隙的下方串联有辅助间隙。因为保护间隙灭弧能力弱，一般要求与自动重合装置配合使用，以提高供电可靠性。

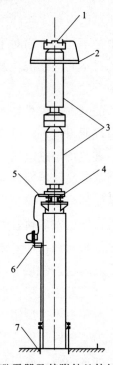

图 1-1　避雷器及其附件整体结构示意图

1—避雷器接线桩；2—均压环；

3—避雷器本体（根据电压等级，可多节）；

4—底座；5—屏蔽环及引线；

6—监测器（可根据需要将信号远传）；

7—接地装置

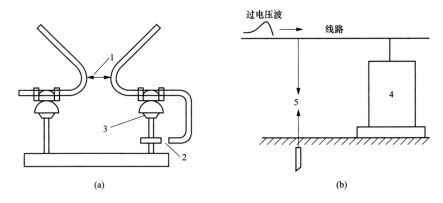

图 1-2　角型保护间隙结构示意图及其与设备的连接

（a）角型保护间隙结构示意图；（b）保护间隙与设备的连接

1—主间隙；2—辅助间隙（防止主间隙被外物短路）；3—支柱绝缘；4—被保护设备；5—间隙

2. 管型避雷器结构

管型避雷器实质上是一种具有较强灭弧能力的保护间隙，由内间隙和外间隙组成，如图 1-3 所示。灭弧管一般由纤维胶木等能在高温下产生气体的材料组成。当过电压来临时，管型避雷器的内外间隙被击穿，雷电流通过接地线泄入大地。随之，工频电流产生的电弧燃烧管壁并产生大量气体从管口喷出，很快吹灭电弧。同时，外间隙恢复绝缘，使灭弧管与系统隔开，系统恢复正常运行。

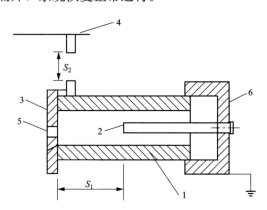

图 1-3　管型避雷器结构示意图

1—产气管；2—棒形电极（内电极）；3—环形电极；4—工作母线；

5—出气口；6—端盖；S_1—内间隙；S_2—外间隙

3. 阀式避雷器结构

阀式避雷器是以非线性电阻（SiC 阀片）串联放电间隙作为基本单元构成的避雷器。SiC 阀片的非线性机理如下：

SiC 晶体本体的电阻率很小（约 $1\Omega \cdot cm$），在晶体表面存有空间电荷，对载流体形成势垒（焙烧时形成的氧化层在一般场强下电阻率高达 $10^4 \sim 10^6 \Omega \cdot cm$）。此表面势垒将承受绝大部分外加电压，随着电压电流的增大，场强达到 $10^3 \sim 10^4$ V/cm 时，束缚电荷穿过势垒成为自由电子几率大增，使电阻减小；当外加电压电流减小时，自由电子进入势垒后再穿出几率减小，使电阻值又变大；所以呈现电阻的非线性。另外势垒（氧化层）中的颗粒只是点接触，与其并联有微小空气间隙，当电压增加时，颗粒间的空气间隙放电也会加强阀片的非线性。SiC阀片主要由金刚砂与少量 Al_2O_3 及黏合剂模压成饼状，在一定温度下焙烧而成。阀片的主要参数是残压、非线性系数和通流容量，阀片具有负的电阻、温度系数。

阀式避雷器主要分为普通阀式避雷器和磁吹阀式避雷器两类。普通阀式避雷器有FS 和 FZ 两种系列，磁吹阀式避雷器有 FCD 和 FCZ 两种系列。

（1）普通阀式避雷器。

普通阀式避雷器是由平板间隙与碳化硅电阻片串联而成，装在密封的磁管内，外壳有接线柱供安装使用。单个平板火花间隙结构示意图见图 1-4，当过电压作用于间隙时，在上下电极的工作面处发生放电，由于放电工作面直径大于极距，从而保证间隙中是均匀电场，所以间隙的伏秒特性较为平坦。

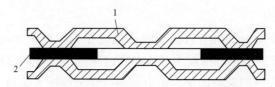

图 1-4 单个平板火花间隙结构示意图

1—黄铜电极；2—云母垫片

为了减小杂散电容的影响，均匀多个串联间隙的电压分布来提高避雷器工频放电电压，可采用间隙并联分路电阻的方法。这种避雷器为 FZ 型（电站型），其结构示意图见图 1-5 （b）；无并联分路电阻的避雷器为 FS 型（配电型），其结构示意图见图 1-5 （a）。在工频电压作用下，间隙上的电压分布主要由并联电阻决定；在冲击电压作用下，间隙上的电压分布主要由杂散电容决定，因此其电压分布仍是不均匀的，所以其冲击系数小于1，串联间隙越多，冲击系数越小，从而改善了避雷器性能。

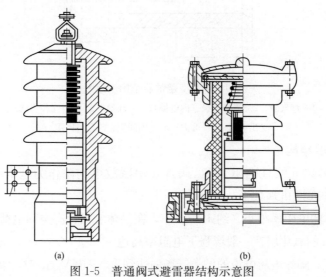

(a)   (b)

图 1-5 普通阀式避雷器结构示意图

(a) FS-10 阀式避雷器；(b) FZ-10 阀式避雷器

（2）磁吹阀式避雷器。

串联磁吹间隙的阀式避雷器称为磁吹阀式避雷器，磁吹间隙有不同的种类，其中一种拉长电弧型间隙结构示意见图1-6。

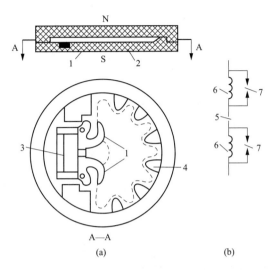

图1-6　磁吹阀式避雷器拉长电弧型间隙结构示意图

（a）示意图；（b）等值电路

1—电极；2—灭弧盒；3—分路电阻；4—灭弧栅；5—主间隙；6—磁吹线圈；7—辅助间隙

4. 金属氧化物避雷器（MOA）结构

金属氧化物避雷器是最近几十年发展出来的，其非线性电阻阀片主要成分是 ZnO，所以也称为金属氧化锌避雷器。氧化锌阀片还含有少量添加剂如 Bi_2O_3、CoO、MnO 等，由这些成分烧结而成的多晶半导体陶瓷元件，具有理想的阀特性，阀片表面喷涂一层金属粉末（铝粉），其侧面应涂绝缘层（一般为釉，由陶瓷釉向玻璃釉发展）。

与 SiC 阀片相比，ZnO 阀片（又称压敏电阻）具有更理想的非线性电阻特性，电阻随电压而变化；同时又具有较大的电容，容抗随频率和温度而变化。在低的工频电压下，通过阀片的主要是容性电流；随着电压的升高，有功电流迅速增加；当电场强度达到一定范围时，阀片电流主要就是阻性电流。

ZnO 阀片的微观结构见图1-7，图中 1 为 ZnO 晶粒，2 为晶界层，3 为尖晶石。ZnO 阀片的等值回路见图1-8。

金属氧化物阀片的基本结构是高电导的氧化锌晶粒，其电阻率约 $1\sim10\Omega\cdot cm$，平均直径约 $10\mu m$（图中大块黑色部分）；周围由高电阻性的粒界层包围（主要是金属氧化附加物），厚度约 $0.1\mu m$，在低电场强度下电阻率约为 $10^{10}\sim10^{14}\Omega\cdot cm$。在较高电压作用下粒界层中的价电子被拉出，或由于碰撞电离产生电子崩而使载流子大量增加。当电场强度达到 $10^4\sim10^5\text{V/cm}$ 时，其电阻率即降到 $1\Omega\cdot cm$；当外加电场降低时，由于复合作用使载流子减少，电阻又变大。且它的非线性伏安特性在正、反极性是对称的。

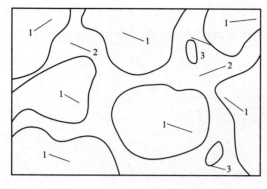

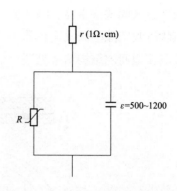

图1-7　金属氧化物阀片微观结构　　　　　图1-8　金属氧化物阀片等值回路

在简化的等值回路中，r 为晶粒电阻、R 为非线性的晶界层电阻、ε 为晶界层电容的介电系数。基于 ZnO 阀片的特性，将其制成避雷器时可有多种形式。

（1）无间隙金属氧化物避雷器。

由于 ZnO 阀片优异的非线性，金属氧化物避雷器可以不用串联间隙，称为"无间隙金属氧化物避雷器"；在中性点直接接地系统中，除线路用避雷器外，一般不会使用有间隙避雷器。无间隙金属氧化物避雷器结构示意图如图1-9所示。

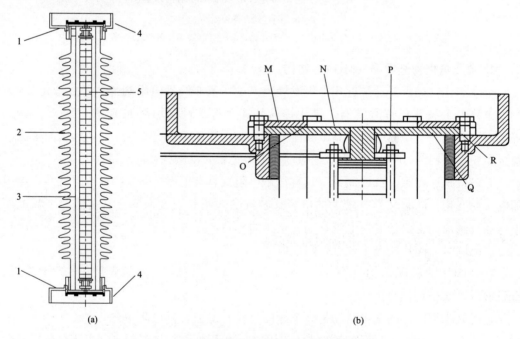

图1-9　无间隙金属氧化物避雷器结构示意图

（a）避雷器本体；（b）避雷器密封结构

M—防爆膜盖板；N—防爆膜；O—密封圈；P—密封板；Q—密封圈；R—防水圈

1—压力释放口；2—外绝缘；3—隔弧筒；4—上下法兰；5—电阻片

（2）带串联间隙金属氧化避雷器。

为避免无间隙避雷器在长期工作电压下的老化问题，可将避雷器本体与长空气间隙串联，称为带串联间隙金属氧化避雷器，见图1-10，这种避雷器一般用在输电线路及谐振多发的地方。但其动作时受到间隙特性的影响，所以其保护性能与无间隙金属氧化物避雷器不同，也不如其优越。

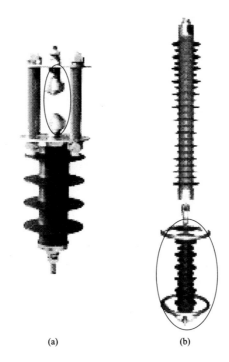

(a)　　　　　　　　　(b)

图 1-10　带串联间隙金属氧化物避雷器（圈出部分为间隙部分）

（a）空气间隙型；（b）固定间隙型

（3）带并联间隙金属氧化避雷器。

带并联间隙金属氧化避雷器主要用于被保护设备绝缘较薄弱、要求残压较低的情况，其结构较复杂。从原理上看，通过在一部分电阻片上并联间隙，正常情况下电压施加在全部阀片上降低每一阀片的荷电率；当避雷器动作时，间隙将并联阀片短路可以降低残压。其试验方法与串联间隙避雷器类似。

5. SF$_6$ 气体绝缘避雷器结构

气体绝缘金属封闭开关设备（GIS）用金属外壳氧化物避雷器与常规瓷套外壳或环氧绝缘外壳氧化物避雷器的结构完全不同。其主要由壳体、盆式绝缘子、芯体等部分组成。在密闭的金属壳体内冲入一定压力的 SF$_6$ 气体，并利用 SF$_6$ 气体良好的电气绝缘性质，大幅度缩短相间及相对地的距离。避雷器芯体由氧化物阀片构成，采用均压屏蔽罩改善避雷器内部电压分布。避雷器的高压端通过盆式绝缘子出线与 GIS 相联，低压端通过密封端子与泄漏电流表或在线监测装置连接。其结构示意图见图 1-11。

由于 GIS 的绝缘伏秒特性较平坦，且负极性击穿电压比正极性击穿电压低，因此对避雷器的伏秒特性、放电稳定性等技术指标提出了较高的要求。

7

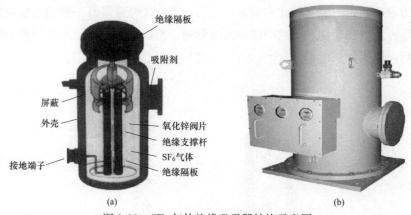

图 1-11　SF$_6$ 气体绝缘避雷器结构示意图

（a）罐内剖视图；（b）三相共体避雷器罐外观

三、各种避雷器的电气性能

避雷器阀片的材料、组成方式等基本方面决定了它的电气性能，不同的材料和结构都会赋予每类避雷器各具特色的保护性能。

1. 伏安特性

避雷器的作用要求其具有特殊的伏安特性，即在低电压下呈高阻，在高电压下呈低阻，不同避雷器的伏安特性见图 1-12。

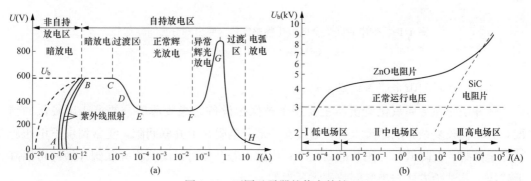

图 1-12　不同避雷器的伏安特性

（a）保护间隙（空气间隙）伏安特性；（b）两种阀片伏安特性

保护间隙实际上就是一个空气间隙，因此其伏安特性与空气放电特性类似，与电极的形状密切相关。

金属氧化物避雷器则比普通阀式避雷器的非线性特性好的多，其中普通阀式避雷器非线性特性的数学描述为：$I=cU^\alpha$（采用苏联的方式），α 为非线性系数，其值越小表示非线性程度越高，一般为 $0.2\sim0.45$；金属氧化物避雷器非线性特性的数学描述为：$U=kI^\alpha$（采用日本方式），α 一般为 40 左右。由于两者定义方式不同，所以两种表达式的 α 差别很大，如将金属氧化物避雷器的表达式写成 $I=c'U^{\alpha'}$，则 α' 约为 0.025。如果两种避雷器在标称放电电流 10kA 下残压相同，则在最大运行电压下普通阀式避雷器的持续运行电流为 400A，而金属氧化物避雷器中流过的电流在 1mA 以下。

需要说明的是阀片或避雷器有静态和动态伏安特性曲线之分，其中动态伏安特性曲线类似于磁滞回线，静态伏安特性曲线则由各动态伏安特性曲线顶点连接而成。

2. 动作波形

避雷器动作后的波形对被保护设备的绝缘影响很大，主要是如果波形变化的陡度太大及反向脉冲会对变压器等线圈设备的匝间绝缘造成严重的损害。各种避雷器的动作后电压的波形见图 1-13。

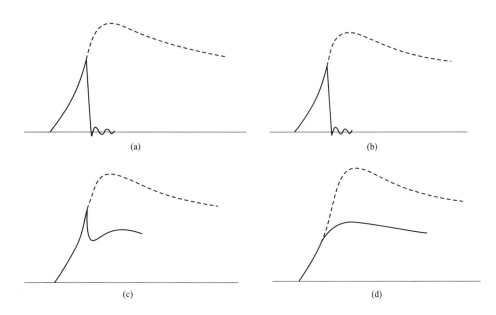

图 1-13　避雷器动作后电压波形
（a）保护间隙；（b）管型避雷器；（c）普通阀式避雷器；（d）金属氧化物避雷器
虚线—侵入波形；实线—避雷器动作波形

由图可见保护间隙和管型避雷器会产生明显的截波效应且有反极性的脉冲；普通阀式避雷器也有一个类似截波突然下降的过程；金属氧化物避雷器的波形相对平缓。因此从波形上看金属氧化物避雷器对设备绝缘的保护性能最好。

3. 综合分析

由于动作特性和保护性能的关系，目前管型避雷器和 SiC 阀式避雷器（包括普通和磁吹）已基本被金属氧化物避雷器代替。而保护间隙由于和金属氧化物避雷器的伏秒特性不完全一样，所以对过电压的保护种类是不一样的，在一些绝缘配合中还是需要这两者结合使用。有关避雷器的保护机理见附录 A。

本书根据实际应用，将主要以交流金属氧化物避雷器试验分析诊断为主，每种避雷器由于结构的差异因而有各自不同的工作原理、优缺点，甚至表征电气性能的基本参数也是天差地别，这几个方面的比较详见表 1-1。

表 1-1　　不同类型避雷器的结构性能比较

避雷器类型	保护间隙	管式避雷器	普通阀式避雷器	磁吹阀式避雷器	无间隙金属氧化物避雷器	带串联间隙金属氧化物避雷器	带并联间隙金属氧化物避雷器
基本结构	角形（利于灭弧）	内间隙安放在产气材料制成的管内，外部串联一个空气间隙	分为配电型（FS）和电站型（FZ），内部都由数个火花间隙（平板间隙）和非线性电阻片两个部件串联组成，其中FZ型的标准单元串并联了有间隙旁另并联了分路电阻。外绝缘一般为瓷套	火花间隙为磁吹限流间隙	采用具有极好伏安特性安特伏做为保护单元的ZnO阀片，外绝缘为瓷套或有机环氧材料	增加了串联间隙，使电阻片与带电导隔离	在部分电阻片上并联放电间隙
工作原理	在过电压作用下同隙下部首先放电（距离最短），放电使周围空气的温度急剧增加，热空气向上升时把电弧向上吹，同时电流产生的电动力也将弧向上拉伸，干是弧电阻向上拉伸，干是弧电阻增大。当电网电压不能维持一定长度电弧时，电网电压不能维持电弧燃烧，干是电弧熄灭	同隙成火花击穿形成火花通道。续流通过该管产生高温使产气管分解出大量气体，当管内高压气体从喷口喷出对电弧产生纵吹作用，在工频电流第一次过零时电弧熄灭。外间隙在正常状态可避免过阀流和泄漏电气	火花间隙被分成许多短间隙，易于切断工频续流。非线性电阻片以降低避雷器的残压，限制工频续流	当间隙击穿后，磁吹线圈产生的轴向磁场将电弧拉入灭弧齿中，在齿根部电弧被拉长、挤压、冷却，强烈地去游离，形成很高的电弧压降。限制工频续流，为电弧点的介质恢复强度创造了有利条件	在正常系统电压作用下，氧化锌避雷器的阀片呈高状态，流过为无续流。当有过电压作用时，阀片立刻呈现低阻状态，将能量迅速释放，此后即恢复高阻状态，迅速截断工频续流	在间隙击穿避雷器动作后。当间隙击穿后，串联在电阻片上上流的续流额定，电压低于避雷器持续电流小于1mA，电弧可以自灭，串联的间隙不必考虑灭弧性能	在雷电流达到一定幅值时与电阻片并联部分的电阻上的残压使间隙放而短路
优点	结构简单	可熄灭工频续流		可适当减少避雷器阀片，从而降低残压	①保护特性优异，没有放电时延，伏秒特性比较平坦。残压水平较低。②无续流，动作负载轻，在大电流长时间重复动作的冲击下，特性稳定。③运行性能良好，耐冲击击穿能力强，电流高度，高度小，结构简单，安装维护方便。⑤不存在间隙放电电压随气温变化而变化的同题，因此无间隙高原地区是理想的高原地区避雷器。	①避免地引起的暂相电压过高和谐振过电压时接地或诸接地电压对直无接作用	在幅值等于标称放电电流的避雷器的残压值间隙可以低于避雷器，在保护电击绝缘水平较低的设备，如有电机等，有一定的优越性

避雷器类型	保护间隙	管式避雷器	普通阀式避雷器	磁吹阀式避雷器	无间隙金属氧化物避雷器	带串联间隙金属氧化物避雷器	带并联间隙金属氧化物避雷器
优点	结构简单	可熄灭工频续流		可适当减少避雷器阀片，从而降低残压	⑥特别适合用于直流输电设备的保护。直流电弧不像交流电弧有自然过零点，因此熄弧比较困难，无间隙避雷器不存在灭弧问题，所以用作直流避雷器是很理想的。⑦作为一个组件组合电器中的SF₆全封闭组合电器特别适合。可解决传统避雷器的间隙在SF₆中放电电分散性大和放电电压易随气压变化等问题。⑧用于重污秽地区比较污秽越越，不存在污秽影响间隙电压分布的问题。⑨随放电特性的改善，不存在间隙放电，保护特性随雷电波陡度的增加而增大的同间隙的保护特性有可能得到改善	②与普通碳化硅阀式避雷器相比，具有保护特性好，如残压可以没有续流。如果残压值比碳化阀式低，在接直值中性点非直残压中，还可以比无间隙金属氧化物避雷器低	在幅值等于标称放电电流下，避雷器以以下的雷电冲击残压值的残压可以低于无间隙避雷器，以保护绝缘水平较低的设备、发电机等，如有一定的优越性
缺点	①在故障电流较大情况下不能自行灭弧将引起跳闸②不能切断电流之间的工频短路电路电流	①伏秒特性陡、放电分散性大，而一般电器设备绝缘的冲击放电伏秒特性较平坦，二者不能很好的配合。②动作时产生截波对变压器纵绝缘有害。③放电特性影响较大，大气条件易引起破裂且容易受潮	①容易破损，故障时对周围的人身和设备安全隐患大。②笨重，接地端焊点易脱落，密封性能不好		①由于没有放电间隙，阀片长期直接受工频电压作用而产生老化现象，阀片劣化的本质，是阀片介质的微观机理上看，从宏观基势全层的降低，引起阀片电流增加，阻性电流增加，泄漏电流有功分量急剧增加必加速阀片老化速度，它能在遇到操作冲击波被吸收时，其能量被吸收超过其消散因阀片的损耗功率上升而发生热崩溃，阀片温度上升导致避雷器击穿而引起热崩溃，造成避雷器击穿损坏。受潮与老化是引起MOA故障的两个根本原因。	①不再具备无间隙避雷器的优点。②有串联避雷器，由于放电电压与残压接近，给工频放电电压的残压试验带来一定的困难，放电电压检测较难	结构较复杂

避雷器类型	保护间隙	管式避雷器	普通阀式避雷器	磁吹阀式避雷器	无间隙金属氧化物避雷器	带串联间隙金属氧化物避雷器	带并联间隙金属氧化物避雷器
缺点	①在故障电流较大情况下不能自行灭弧将引起断路器跳闸②不能切断雷电流之后产生的工频电流	①伏秒特性陡，放电分散性大，而一般电器设备绝缘电平放电伏秒特性较好的配合，二者不能很好的配合。②动作时产生截波对变压器纵绝缘有害。③放电特性受大气条件影响较大，气管易破裂或爆炸且容易受潮	①容易破损，故障时对周围的人身和设备安全隐患大。②笨重，接地端焊点易脱落，密封性能不好	同左	②在中性点非直接接地的10～35kV电力系统中，当发生单相接地故障时，一般允许单相带接地故障运行两小时甚至更长，此时两健全相的电压升高到线电压，这对无间隙的MOA来说是严峻的考验。如果此时母线或诸振过电压，MOA动作或放电时就有击穿损坏的可能。③在气体绝缘金属封闭开关设备（GIS）中，SF₆隔离开关高频操作时产生5～15MHz高频操作过电压（VFTO），波前很短，5～20μs，陡度很大。在这种VFTO冲击的雷电作用时，MOA冲击电压陡度显著高于标准规定的雷电过电压水平。呈现MOA和被保护物之间电压差很大，MOA对防护VFTO作用很小，同时应研究采取防护措施，以改善MOA的伏安特性以及相应试验方法	①不再具备无间隙避雷器的优点。②有串联间隙避雷器，由于电阻片的残压与避雷器工频放电电压试验带来一定的困难，难检测放电电压较高	结构较复杂
主要参数	①伏距特性；②伏秒特性；③气体特性；④温度；⑤冲击系数	①伏距特性；②伏秒特性；③温度；④冲击系数；⑤切断电流上下限	①额定电压；②灭弧电压；③工频放电电压；④切断比；⑤冲击放电电压；⑥冲击残压；⑦同流容量	同左	①额定电压；②持续运行电压；③工频参考电压；④直流参考电压；⑤残压；⑥通流容量；⑦压比；⑧荷电率；⑨标称放电电流		

四、避雷器的附件

1. 外绝缘

避雷器的外绝缘主要有瓷外套和复合外套，各种避雷器的外绝缘见图1-14。

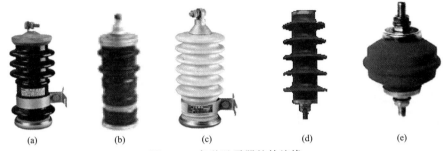

图1-14 各种避雷器的外绝缘

（a）普通阀式避雷器瓷外套；（b）磁吹避雷器瓷外套；（c）无间隙金属氧化物避雷器瓷外套；

（d）无间隙金属氧化物避雷器复合外套；（e）低压避雷器复合外套

避雷器的外绝缘常用的有瓷外套和环氧绝缘复合外套，一般采用复合外套的是金属氧化物避雷器，但采用瓷外套的两种阀式避雷器都有。

2. 底座

避雷器的末端如果不接监测装置（包括计数器、泄漏电流表等）一般应直接接地，在装设监测装置时应将避雷器安装在绝缘底座上，监测装置与底座并联。常见的底座类型见图1-15。

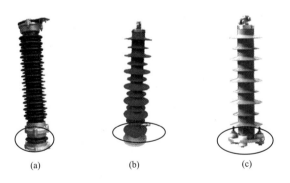

图1-15 常见避雷器底座类型（黑圈中为底座）

（a）瓷底座；（b）环氧底座（一体式）；（c）环氧绝缘子

底座绝缘的类型一般与避雷器外套绝缘的类型一致。环氧绝缘的底座与避雷器本体的结合样式较多。

当底座绝缘性能不良时会分流本应进入检测器的电流，使监测到的持续运行电流变小。另外当避雷器动作时大电流流过底座可能会使其发生烧蚀甚至炸裂。

3. 均压环

避雷器的均压环一般用于220kV及以上的避雷器上，由于高电压等级的避雷器分为多节，而且高度较高，而不同高度处的杂散电容也不同，杂散的电容电流将使避雷器从上到下的电压分布不均匀的现象较为突出。同样一片阀片距离高压端近的比远的将承受更高的电位差，从而导致部分阀片在运行中的荷电率升高，容易使阀片老化甚至发生热崩溃。所以需要安装均压环来补偿运行中杂散的电容电流，使电压分布得到改善，避雷器均压环的作用见图 1-16。

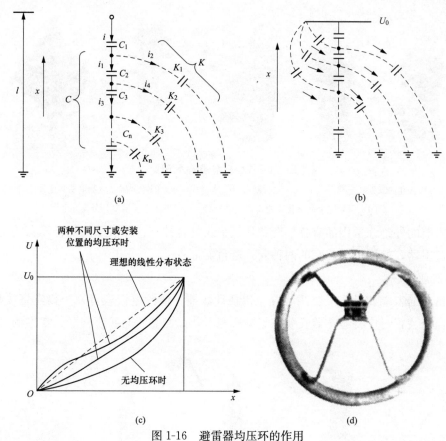

图 1-16　避雷器均压环的作用

（a）无均压环时避雷器杂散电流分布；（b）有均压环时避雷器杂散电流分布；（c）电压分布曲线比较；（d）均压环样式

　　但是均压环会缩短避雷器两端不同电位间的空间距离，需要注意极端情况下发生闪络。均压环的表面也应光滑无毛刺。另外安装均压环后其对避雷器的杂散电容也可能明显地影响部分试验数据，如持续运行电压下的总电流和阻性电流会偏大。

4. 接地屏蔽环

　　在下雨或天气潮湿的情况下，避雷器外套的表面泄漏电流会流经泄漏电流表，使电流数据偏大甚至满偏，因此装在户外的避雷器一般应安装接地屏蔽环。接地屏蔽环的主要作用是将避雷器外套的表面泄漏电流直接入地而不经过监测器，安装位置靠近底座但不能与底座金具接触。

　　在运行中屏蔽环松动脱落、接触不良或碰到了底座都会使监测到的电流三相间产生偏差。

5. 监测器

　　监测器有简单的动作计数器，只记录避雷器动作过的次数，见图 1-17（a）。复杂一点的监测器带有电流监测功能，可以监测运行中避雷器的运行参数。主要有以下几种：

图 1-17（b）为带有全电流泄漏电流监测功能的监测器，其主要功能除了记录动作次数外，还可以显示运行状态下流过避雷器的泄漏电流；图 1-17（c）的监测器是在（b）的基础上，同时具有阻性电流监测功能，阻性电流表将被安装在原有的氧化锌避雷器在线监测器内，成为其中的一个组成部分；图 1-17（d）为带有测量避雷器外部污秽度功能的监测器，可以将外瓷套表面的污秽电流与避雷器泄漏电流分离出来并对污秽电流进行表征；图 1-17（e）为某型监测器的内部结构图。

监测器本身的故障主要有指针卡死及表计受潮，它们均会影响读数。

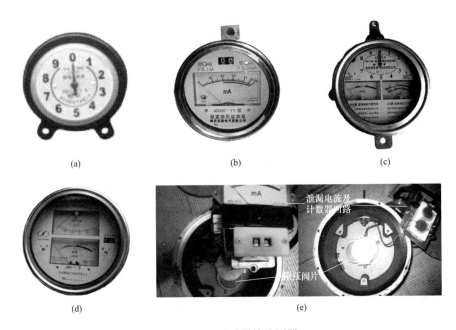

图 1-17　避雷器的监测器

（a）动作计数器；（b）监测器（全电流）；（c）监测器（全电流和阻性电流）；
（d）监测器（全电流和污秽电流）；（e）某型监测器（泄漏电流表）内部结构图

6. 在线监测装置

从广义上说，泄漏电流表等监测器也可认为是在线监测装置的一种，现在所说的在线监测装置一般指对参数测量后具有数据初步判断、诊断、预警并远传功能的设备，具体内容详见第四章。

7. 脱离器

脱离器的作用是避雷器发生故障时，即将引起系统短路停电或爆炸时，脱离器迅速动作，从而将故障避雷器从电网中退出，及时消除系统接地的隐患；同时给出可见标志的装置，为实现避雷器"状态检修"提供了切实可行的技术措施。而在避雷器处于正常工作状态时，脱离器则不动作并呈低阻抗（与避雷器相比），不影响系统原工作状态和避雷器的保护特性。常见的脱离器见图 1-18。

不同类型的脱离器动作原理和相应的结构是不同的，它们的结构示意图见图 1-19。

(a)　　　　　　　　(b)　　　　　　　　　(c)

图 1-18　脱离器实物图

（a）脱离器安装位置；（b）热爆式脱离器；（c）热熔式脱离器（黑圈）

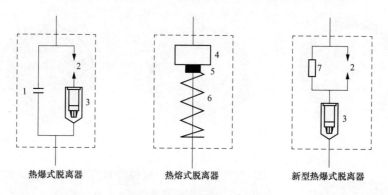

热爆式脱离器　　　　　热熔式脱离器　　　　　新型热爆式脱离器

图 1-19　脱离器结构示意图

1—并联电容器；2—放电间隙；3—热爆管；4—金属氧化物电阻片；

5—锡焊点；6—预紧弹簧；7—并联电阻器

常用的脱离器有三种结构类型，脱离器与避雷器组成一体的为热熔式；热爆式的脱离器一般可与避雷器分离；另一种类型为复合式，三种结构类型简单介绍如下：

（1）热熔式脱离器。当氧化锌避雷器故障时，流进阀片的电流增大，使阀片组呈发热状态，由于阀片组为负温度系数，发热引起等效电阻下降，又促使发热加剧，形成恶性循环。这样避雷器的工作状态直接通过温度的形式传给脱离器，利用工频电流通过自身而发热，当这一温度达到脱离器设计值时，使其低熔点合金熔化，脱离器动作使避雷器与接地线脱离，将故障避雷器切出运行。但其存在动作时间有加热延时，不能迅速动作的缺点，故目前使用较少。

（2）热爆式脱离器。放电间隙上并联一个电容器，热爆管被放置在放电间隙的下电极内，当避雷器正常工作时，雷电及操作冲击电流在电容器上的压降尚不足以使放电间隙击穿放电，脱离器不动作；当氧化锌避雷器出现故障时，流经阀片的电流增大，工频故障电流在电容器上的压降使放电间隙击穿放电且电弧持续加热引爆热爆管，并使其插入螺栓爆脱，实现避雷器与接地点的迅速脱离。同时将故障避雷器切出运行。

（3）复合式（新型热爆式）脱离器。综合热熔式和热爆式两种脱离器原理而制成的脱离器。并联电阻器既是泄漏电流通道，又是工频小故障电流动作的加热源，这种脱离器整体结构合理，与我国电网特点和避雷器的故障机理相适应。

第二节 避雷器的选型

虽然避雷器是用来限制过电压的，但它并不能限制系统中可能出现的所有过电压。一般来说，持续时间较短的雷电过电压和操作过电压可以用避雷器来限制，持续时间较长的暂时过电压就不能由避雷器来限制。相反避雷器在暂时过电压下应能保持不动作，否则长时间的动作状态会使避雷器的热稳定崩溃，甚至发生爆炸。

过电压的大小和性质取决于所在系统可能发生的故障等非正常运行方式及电气参数的配合情况。选择避雷器的类型应充分考虑安装地点过电压水平，通俗地说，一是对避雷器不应动作的过电压，避雷器本身能否承受；二是对避雷器应动作的过电压，避雷器的保护范围及幅值是否合适。特别是采用无间隙金属氧化物避雷器后，由于其无串联间隙，平时阀片承受的电压较高，容易引起老化和劣化，更应注意选型的问题。

一、常见避雷器型号的意义

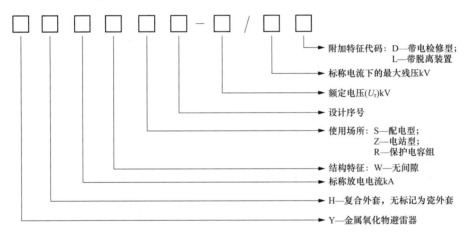

其中前两个参数部分生产厂家位置互换，无"H"标志的表明是瓷外套，"结构特征"位置如是"C"表明是串联间隙型。例如 HY5WZ-17/45，表明是环氧复合外套，标称放电电流为 5kA，无间隙站用型金属氧化物避雷器，额定电压 17kV，5kA 放电电流下最大残压 45kV。所以其持续运行电压为 13.6kV。

二、避雷器的选型

根据电力系统过电压性质及特征，对避雷器的性能要求也是不同的，在选型中需要主要考虑的几个参数是：额定电压、持续运行电压及其电流、1mA 阻性电流下的参考电压、通流容量、残压、荷电率等。这些参数中有些与保护设备绝缘有关，有些与避雷器本身承受能力有关。参数之间存在相互牵制，交流 U_{1mA}＞额定电压＞持续运行电压，如高额定电压高则 U_{1mA} 也相应高，残压也高，但荷电率会降低等。持续运行电压一般不小于额定电压的 80%，残压应比被保护设备耐受的冲击试验电压低。

因此在选用避雷器时应综合平衡各参数，避免避雷器在运行中误动、拒动及能量释放能力不足等情况。下面将比较常见的几种避雷器的选型说明如下：

（1）主变各侧避雷器。

用以限制作用在发变电所 3～500kV 设备的雷电过电压和除谐振过电压及暂态过电压以外的相对地过电压。自耦变压器的两个耦合绕组的出线侧必须安装避雷器，非自耦变压器应核算至安装避雷器位置的电气距离，并且避雷器的保护特性应满足变压器绝缘的要求。

（2）主变中性点避雷器。

110kV 及以上电压等级变压器的中性点设备构成一个系统：由于主变压器中性点一般为分级绝缘，例如 110kV 侧中性点为 72.5kV，再考虑到运行中的实际所需的接地情况，所以中性点的过电压保护结构比较复杂，通常由接地开关、避雷器、保护间隙及流变组成，见图 1-20。其中避雷器和保护间隙共同组成对变压器中性点的过电压保护，它们的作用是不同的，而且它们还要与继电保护相配合。避雷器主要用以限制中性点的雷电过电压，间隙主要用于防护操作过电压。在正常运行工况下，主变中性点上的电压很低。

图 1-20　110kV 主变压器中性点典型设备配置

在选择避雷器额定电压时，需考虑能承受持续时间较长的暂时过电压的作用且不应动作，一般直接接地系统不低于系统最高工作相电压，非直接接地系统不低于系统最高工作电压。

三、电容器组避雷器

并联补偿电容器组是一种要频繁投切的设备。电容器组避雷器主要用作限制投切电容器组时产生的过电压。例如断路器投切中出现重燃引起的过电压会造成设备损坏。用金属氧化物避雷器装在线与地间限制投切电容器组的重燃过电压效果显著，通常要求将电容器极对地电压限制在 4p.u. 以下。对电容器和断路器都有好处。用于不同容量和电压等级电容器组的避雷器，其方波通流容量有不同的要求（24000kVA 及以下容量的 MOA2ms 方波电流应不小于 500A），一般大于同电压等级的线路避雷器。

四、线路用避雷器

在输电线路上可选用有间隙避雷器，也可用无间隙避雷器，常用线路避雷器见图 1-21。一般情况下同系统电压等级选用的线路避雷器比站用避雷器额定电压高，但通流容量小。

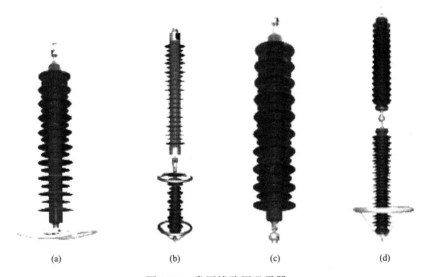

图 1-21 常用线路用避雷器

（a）110kV 空气间隙型；（b）110kV 固定间隙型；（c）110kV 无间隙型；（d）220kV 无间隙型

五、配电避雷器

用以限制作用在 3～20kV 配电设施，主要是配电变压器、分段开关、刀闸及电缆头的雷电过电压和除谐振过电压及暂态过电压以外的相对地过电压。保护配电变压器的避雷器应尽量靠近变压器安装，其接地线应与变压器低压侧中性点（中性点不接地时则为中性点击穿保险器的接地端）以及金属外壳等连在一起接地，为有效防范正、逆变换过电压对配电变压器造成的损坏，对 YNyn 接线的配变可在低压侧也安装低压避雷器。对 35/0.4kV 的配变，其高低压侧均应装避雷器保护。

六、其他避雷器

包括保护消弧线圈的避雷器、保护流变匝间绝缘的低压避雷器等。主变压器的中性点经消弧线圈接地，是高阻接地，正常时中性点电位约等于零；当某相发生接地时，金属性接地的一相与大地同电位，所以主变压器中性点与大地的电位差是相电压，就是过电压升到了 U_{xg}。稳定性的接地对设备绝缘一般不构成威胁。当故障点为非金属性短路时，故障点产生电弧，系统发生振荡，这时，主变压器中性点的电位就极有可能超过

2倍相电压。例如高压电缆的主绝缘层较厚，电缆击穿后导电的铜芯不太可能直接碰到接地的金属上，只有通过击穿的绝缘材料不断地产生电弧（冒火），这就是非金属性短路。所以，主变压器串消弧线圈接地时，中性点需要接避雷器进行保护。

另外考虑主变压器可能将低压侧遭受的雷电波传输过来的情况，也需要在中性点加装避雷器，而接地变的中性点本质上即是主变压器三角形线圈的中性点。

消弧线圈避雷器需用注意的一个问题是一旦消弧线圈与线路参数匹配发生谐振过电压，则有可能致使避雷器长时间处于动作状态而损坏。

第二章

避雷器试验诊断基本理论

避雷器试验的目的是为了确定避雷器的状态是否正常或对怀疑有缺陷的避雷器进一步判断其缺陷成因，为同类避雷器制定反措。除却设计制造等原因外，在避雷器发生故障前一般会通过电流变化、发热情况等现象反映出来。所以了解避雷器的电气模型及故障机理有助于对试验结果的分析判断。

第一节　避雷器的数值模型及运行特性

金属氧化物避雷器的电气回路主要由阀片构成，用集中参数表示避雷器的等值回路，如图 2-1 所示。

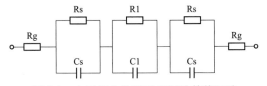

图 2-1　金属氧化物避雷器阀片等值回路

Rg—氧化锌晶粒的固有电阻；Rs—氧化锌晶粒的表面势垒电阻；Cs—氧化锌晶粒的表面势垒电容；

R1—氧化锌晶粒层电阻；C1—氧化锌晶粒层电容

由于金属氧化物避雷器芯体是由多片阀片叠加而成的，所以它们两者的伏安特性是类似的，见图 2-2。

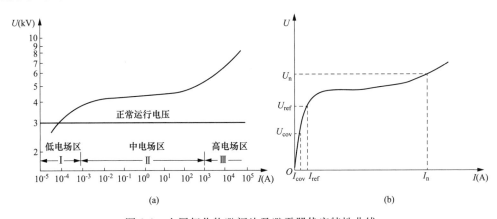

图 2-2　金属氧化物避阀片及避雷器伏安特性曲线

（a）金属氧化物避雷器阀片全伏安特性曲线；（b）金属氧化物避雷器伏安特性曲线

伏安特性曲线的非线性主要是等效电阻的非线性导致的，而等效电容一般看作线性参数。所以避雷器在工频正弦电压下的全电流是正弦的电容电流和尖顶的电阻电流复合而成的非正弦电流。因此测量与避雷器电流相关的参量时应采用峰值或峰值$/\sqrt{2}$表示。见图 2-3。

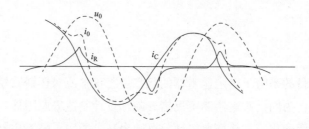

图 2-3　金属氧化物避雷器阀片在工频低电压下的电流波形

u_0—外施工频电压；i_0—阀片总电流；i_R—阀片电流阻性分量；i_C—阀片电流容性分量

第二节　避雷器故障机理

避雷器的故障原因可能为外部或内部因素，其中外部原因为避雷器密封型破坏使内部受潮或避雷器禁受不住过电压的作用发生故障；内部的原因为阀片老化或劣化致使避雷器性能下降。有时故障的原因可能由内、外因素共同引起。

一、电位梯度分布不均匀

由于各种分布电容的影响使避雷器在运行中电压分布不均匀，特别是安装位置比较高而且电压等级也较高的避雷器，各点对地电容电流不一样，导致电位梯度分布不均匀，即使安装均压环也不能完全消除这种影响。一般上部几个阀片承受的电压较高电流较大，因此芯片组上部阀片荷电率偏高容易劣化，随后引起连锁反应最终导致整只避雷器损坏。

二、阀片自身老化和劣化

（1）从宏观上看荷电率偏高或阀片长时间带电运行后，电阻损耗使阀片发热，而阀片的负温度特性又使等效电阻下降，正反馈引起电流及损耗进一步增大，热稳定性能发生变化，避雷器的工频参考电压和额定电压等参数会降低，从而在持续运行电压及各种过电压作用下发生击穿而崩溃。其微观原因是阀片内部微观不均性结构导致电流分布的不均性从而影响通流能力，同时电流产生的热量会在阀片内部形成热应力。在电流较小、持续时间大于 $100\mu s$ 的情况下，由于电流集中处局部温升 ΔT 过高而导致瓷体熔融的称为击穿；在电流较大、施加时间小于 $50\mu s$ 的情况下，由温度梯度 dT/dx 形成的机械应力所导致的崩溃称为炸裂。

（2）阀片的涂敷材料配方或工艺等问题，使阀片边缘在高电压或大电流冲击下引起闪络，造成避雷器损坏。

三、避雷器密封不良

避雷器气密性的破坏会使潮气进入内部导致避雷器泄漏电流增大甚至引起避雷器爆炸。当然避雷器受潮也有可能是在生产厂家生产过程中某些部件干燥不够所致。不同状态氧化锌阀片动态伏安特性曲线对比见图2-4。

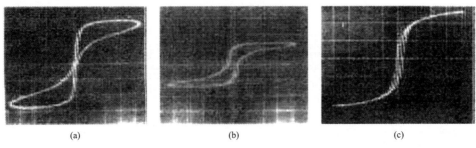

图 2-4　不同状态氧化锌阀片动态伏安特性曲线对比图

（a）正常的阀片；（b）老化的阀片；（c）受潮的阀片

与正常阀片相比，老化的阀片在相同电流下电压低了很多，在特征量上表现为阻性电流高次谐波分量显著增大；受潮的阀片则是在相同的电压下电流大了很多，在特征量上表现为阻性电流基波分量显著增大，导致回线面积变窄。

四、由于选型错误或质量问题避雷器在过电压下发生故障

这类故障往往在发生前不易发现，一般是额定电压选得低了，或者通流容量不足等原因引起，因为避雷器自身是符合制造要求的，所以通过系统运行电压下的带电测试及停电试验是检测不出的，只有在避雷器动作情况下才能暴露，后果基本上是导致避雷器热崩溃。

所以避雷器阀片老化、劣化和受潮的缺陷一般可以通过在线监测、带电测试和停电试验发现。而过电压导致的避雷器故障则无法通过试验手段检测出。

第三节　避雷器的试验方法

避雷器的试验可分为停电试验和带电检测；按类型又分为型式试验、出厂试验、交接试验、例行试验、诊断试验等。每类试验都有各自的目的，当设计或工艺的改变影响到避雷器的性能时需要进行型式试验；新设备投运前必须进行交接试验；设备运行过程中应按周期安排例行试验；怀疑避雷器有缺陷时应进行诊断试验等。

在不同的试验类型中涉及到的试验项目可能是交叉的。表2-1简要列出了各种试验类型可采用的主要电气绝缘试验项目。

表 2-1　　　　　　　　　　　　避雷器试验类型和试验项目简表

试验类型　　试验项目	型式试验	交接试验	例行试验	诊断试验
绝缘电阻		√	√	√（可选）
直流参考电压	√	√	√	√（可选）
0.75 倍直流参考电压下泄漏电流	√	√	√	√（可选）
工频参考电压	√	√		√
工频放电电压（仅有间隙）		√	√	
局部放电	√			
残压试验	√			
动作负载试验	√			
密封试验	√			
红外热像（带电）			√	√
运行中持续电流检测（带电）			√	√（可选）
高频局放（带电）				√

注　对有串联间隙氧化物避雷器试验项目为绝缘电阻、工频放电电压及红外热像。

目前有关避雷器试验的规程主要有：GB 50150—2016《电气设备交接试验标准》；Q/GDW 1168—2013《输变电设备状态检修试验规程》；DL/T 474.5—2018《现场绝缘试验导则　避雷器试验》；DL/T 664—2016《带电设备红外诊断应用规范》等。

一、停电试验

避雷器的试验主要是为了检验避雷器是否满足运行的要求，特别是对已运行了一段时间的避雷器需要通过电气参数的测试来判断阀片是否老化或劣化、内部是否受潮等，为避雷器的检修提供依据。避雷器的现场停电试验项目如下：

1. 绝缘电阻试验

测量避雷器绝缘电阻可初步判断避雷器内部是否受潮及对并联电阻（如有）的通、断、老化和接触情况。一般电压等级在 35kV 以上的用 5000V 绝缘电阻表，35kV 及以下用 2500V 绝缘电阻表。1kV 以下的低压避雷器采用 500V 绝缘电阻表。

判断方法：无间隙金属氧化物避雷器：35kV 以上，绝缘电阻不低于 2500MΩ；35kV 及以下，绝缘电阻不低于 1000MΩ。1kV 以下低压避雷器不低于 2MΩ。

2. 1mA 直流下的电压及 75% 该电压下泄漏电流的测量

（1）试验目的和要求。

1）测量 U_{1mA} 主要是检查其阀片是否受潮或老化，确定其动作性能是否符合要求。

2）容易判断采用大面积金属氧化物电阻片组装的避雷器和多柱金属氧化物电阻片并联的避雷器的缺陷。

3）测量 $0.75U_{1mA}$ 下的泄漏电流，主要是考虑到 $0.75U_{1mA}$ 一般比最大工作相电压

（峰值）要高一些，在此电压下主要检测长期允许工作电流是否符合要求。因为这一电流与金属氧化物避雷器的寿命有直接关系，一般在同一温度下泄漏电流与寿命成反比。

4）U_{1mA} 与初始值比偏差不应大于 ±5%。

5）测量 $0.75U_{1mA}$ 下的泄漏电流时选的 U_{1mA} 值应为初始值或制造厂给定植（非本次试验所测 U_{1mA} 值）。同时 $0.75U_{1mA}$ 下的泄漏电流要求小于 $50\mu A$。

（2）试验接线（见图 2-5）。

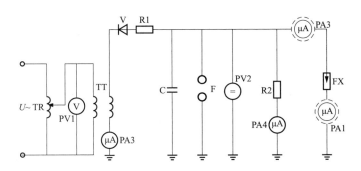

图 2-5　直流参考电压试验接线图

TR—调压器；TT—试验变；PV1—低压电压表；PV2—高压测量装置；
R1—保护电阻器；R2—测量电阻；F—保护放电间隙；
FX—避雷器；PA1-4—微安表；C—滤波电容

当试品为高压金属氧化物避雷器时，回路中各设备应选择试验变压器的额定电压略大于 U_{1mA}；硅堆的反峰电压应大于 $2.5U_{1mA}$，滤波电容的电压等级应能满足临界动作电压最大值的要求。电容取 $0.01 \sim 0.1\mu F$，根据规定整流的电压脉动系数应不大于 1.5%，经计算和实测证明，当滤波电容等于 $0.1\mu F$ 时，脉动系数小于 1%，U_{1mA} 误差不大于 1%。当试品为低压金属氧化物避雷器时，TT 可采用 200/500V、30VA 的隔离变压器，滤波电容为 630V、$4\mu F$ 以上的油质电容。

目前试验设备可采用成套的直流发生装置，此时应将独立的高压测量装置并在高压电流表的下方，另应注意在测量 $0.75U_{1mA}$ 下的泄漏电流时控制箱上相应按钮的正确使用。

（3）判断方法。

1）避雷器直流 1mA 电压的数值不应该低于 GB 11032—2010《交流无间隙金属氧化物避雷器》中的规定数值，且 U_{1mA} 实测值与初始值或生产厂家规定值比较变化不应超过 5%，$0.75U_{1mA}$ 下的泄漏电流不得大于 $50\mu A$，且与初始值相比较不应有明显变化。

2）试验数据虽未超过标准要求，但是与初始数据出现比较明显变化时应加强分析，并且在确认数据无误的情况下加强监视，如增加带电测试的次数等。

3）当对直流试验数据有疑问时，也可通过测量外施电压下交流泄漏电流、阻性电流分量和工频参考电压的参数来进一步判断避雷器的状态。

3. 外施电压下交流泄漏电流、阻性电流分量和工频参考电压的测量

（1）试验目的。

在交流电压下，避雷器的总泄漏电流包含阻性电流（有功分量）和容性电流（无功分量）。在正常运行情况下，主要流过避雷器的为容性电流，阻性电流只占很小一部分，约为10%～20%。但当阀片老化时，避雷器受潮、内部绝缘部件受损以及表面严重污秽时，容性电流变化不多，而阻性电流大大增加，所以测量交流泄漏电流及其有功分量和无功分量是现场监测避雷器的主要方法之一。全电流的变化可以反映MOA的严重受潮、内部元件接触不良、阀片严重老化，而阻性电流的变化对阀片初期老化的反应较灵敏。

一般情况下避雷器的工频参考电压峰值与避雷器直流1mA参考电压接近，都是表明阀片伏安特性曲线饱和点的位置。

有些避雷器的工频参考电流会是1mA的整数倍，特别是多柱避雷器，但一般不会大于20mA，所以在进行该试验时，应达到对应的电流值。

（2）试验接线。

测量避雷器阻性电流分量专用桥式接线图见图2-6。

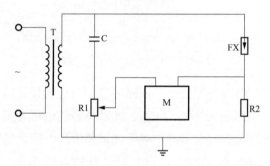

图2-6　测量避雷器阻性电流分量专用桥式接线图

R1—可变电阻；R2—电阻器；M—电流表或示波器；T—试验变压器；

FX—金属氧化物避雷器；C—标准电容器

（3）判断方法：

1）阻性分量电流要进行温度系数换算，温度每升高10℃，电流增大3%～5%；

2）工频参考电压应与初始值和历次测量值比较，无明显下降，若由老化原因使值下降超过10%时，宜退出运行。

4. 工频放电电压试验

（1）试验目的。

本试验是有串联间隙避雷器的必做项目，主要检查火花间隙的结构及特性是否正常，检验它在内过电压下是否有动作的可能性。

（2）试验接线（见图2-7）。

（3）试验要求：

1）对每台避雷器应做3次工放试验，取其平均值作为工频放电电压值，每次试验间隔时间不小于1min。

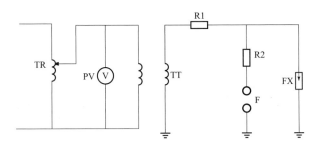

图 2-7 工频放电电压试验接线图

TR—调压器；TT—试验变低压电压表；R1、R2—保护电阻器；

F—保护放电间隙；FX—避雷器

2）升压时电压超过避雷器额定电压的时间尽可能控制在2s以内。

3）在正弦波条件下，可在变压器低压侧用不低于0.5级电压表测量后换算。

4）放电后应快速切除电源，切断时间不大于0.5s，过流保护动作电流控制在0.2～0.7A。

二、带电测试

金属氧化物避雷器在运行中可能发生阀片老化劣化、受潮等情况，这时在运行电压下阻性电流幅值增加很快，有功损耗变大，泄漏电流的谐波分量明显增加。在受潮情况下总泄漏电流也变得很大，而在其他情况下总泄漏电流的增长值则不一定明显。因此测量阻性电流、谐波等可以有效监测避雷器绝缘状况。

1. 避雷器运行中持续电流测试

本试验是在避雷器不停电情况下测量其总电流、阻性电流、容性电流、用功损耗及谐波分量等参数，常使用仪器为氧化锌避雷器阻性电流测试仪。

2. 避雷器红外热像测试

运用红外测温技术能够对避雷器进行非接触式热故障检测，具有安全性强、监测准确、操作便捷的特点。红外测温分为一般测温和精确测温，一般测温的基准周期根据电压等级的不同而有所不同，精确测温通常每年1～2次。

从电力设备的发热原因看避雷器属于电压制热型，即在正常系统电压下避雷器本体只通过很小的泄漏电流，因此整节避雷器从上到下的温差不大，规程规定温差应在0.5K以内。进行红外测温时应使用分辨率较高的红外热像仪。测试时应使整节避雷器均在画面内。

3. 避雷器高频局部放电测试

避雷器高频局部放电测试是近几年为适应状态检修要求开展的新项目。高频局部放电测试可以弥补交直流试验的不足，对发现制造和安装中清洁度不够或绝缘工艺、安装差错等微小缺陷较灵敏。检测时从避雷器末端取信号。

第三章

避雷器典型故障案例分析

第一节 避雷器常见缺陷及诊断流程

由于避雷器的结构比较简单，所以其停电试验和带电测试虽然检测的参数多有不同，但实质上均是考察避雷器电流幅值及组成，进而确定是否存在避雷器阀片老化、劣化，避雷器内部是否受潮等常见缺陷。这些缺陷可能是由于制造工艺、外力破坏等原因造成的，会引起总的泄漏电流和阻性电流同时增大，在红外图谱中呈现较明显的发热特征；而对于设计选型原因造成安装错误的避雷器，由于避雷器本身没有缺陷，因此在正常运行或试验情况下可能无法及时发现问题，但当需要避雷器动作时因为通流容量、保护比等原因会造成避雷器本身或被保护设备故障甚至损坏。所以通过试验手段只能诊断避雷器实际存在的缺陷，涉及选用避雷器错误造成故障的问题需要具备其他非试验知识才能解决。

一、发现避雷器缺陷的主要手段

目前在巡视中抄录在线监测泄漏电流表数据和红外精确检测是发现运行中避雷器缺陷的主要手段，通过对三相电流值进行相间比较、历史比较的分析方法可以发现异常或缺陷。泄漏电流值常见的异常情况：指示值偏大、指示值偏小、表计指针不停摆动。

1. 指示值偏大

根据泄漏电流表的测量原理，引起指示值偏大的原因如下：

（1）避雷器内部受潮，导致阻性电流及全电流增大；

（2）避雷器阀片老化、劣化，导致阻性电流及全电流增大；

（3）泄漏电流表故障，如密封不好，内部受潮后使电流增大或卡死；

（4）屏蔽环与避雷器外护套接触不紧密，屏蔽效果不好，导致避雷器表面泄漏电流进入泄漏电流表，使数值偏大；

（5）避雷器三相性能指标偏差大，也会造成泄漏电流表三相不一致。

其中，第一、第四种情况将影响设备性能并发展为设备事故，第四种情况一般发生在早期投运的金属氧化物避雷器，以上两种情况在实际运行中应特别重视正确分析与诊断。其他情况可以通过数据分析比较、外观检查以及表计检查等方法比较容易确定并处理。

2. 指示值偏小

根据在线监测原理，引起泄漏电流表指示值偏小的原因可能有：

（1）底座绝缘不良，使电流分流后指针偏小；

（2）泄漏电流表与避雷器电气连接回路接触不良；

（3）泄漏电流回路中绝缘小瓷瓶绝缘不良导致；

（4）泄漏电流表故障，如密封不好，内部受潮后使电流指示变小或卡死；

实际运行中，以上几种情况均比较常见，因为不影响设备正常运行，一般不需紧急处理。

3. 表计指针不停摆动

目前遇到的表计指针摆动主要是泄漏电流表本身的原因，比如雾天时随着雾的大、小、有、无，泄漏电流表呈现有规律的摆动，换掉表计后就恢复正常了。

另外，带缺陷运行的避雷器，在雨雾等潮湿天气中也会指针摆动现象，所以首先也应排除是否表计故障

二、运行中泄漏电流值异常后的诊断流程

一般来说避雷器的泄漏电流值异常不能马上判断是避雷器本身的问题还是泄漏电流监测器等附件的问题，所以需要通过一些试验手段来确认缺陷产生的原因。首先通过不停电的方式判断是否泄漏电流表或其他附近问题，其流程图见图 3-1；如无法在不停的情况下处理缺陷则应进行停电试验，进一步诊断设备状态，停电检查试验处理流程见图 3-2。

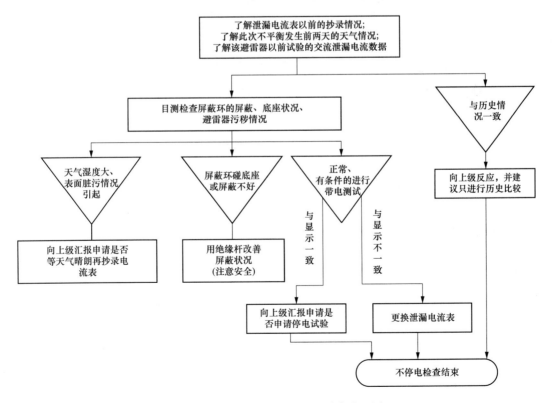

图 3-1　不停电检查泄漏电流异常流程图

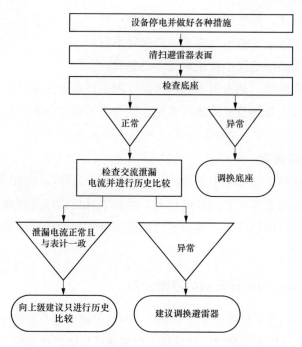

图 3-2 停电检查泄漏电流异常流程图

第二节 避雷器阀片缺陷案例

避雷器阀片缺陷一般为长时间运行后阀片老化或阀片规格选用不当，造成运行中避雷器设备故障。下面结合几个案例，对此类问题进行分析。

一、阀片老化案例

【案例 1】

（1）缺陷情况。

某变电站运维人员在 220kV 变电所巡视发现避雷器泄漏电流表指数三相有同时缓慢下降趋势，该避雷器为某厂早期产品，型号：Y10W5-200/496，运行时间 18 年。

（2）诊断分析。

1）带电测试。为检查避雷器性能，试验人员对该组避雷器进行了带电测试。带电测试发现全电流和阻性电流确实下降 30% 左右，其中 A 相：全电流为 $615\mu A$，阻性电流为 $59\mu A$；B 相全电流为 $694\mu A$，阻性电流为 $71\mu A$；C 相全电流为 $596\mu A$，阻性电流为 $62\mu A$。

比较同期同类型避雷器全电流幅值一般为 $1000\mu A$ 左右，阻性电流幅值在 $90\sim120\mu A$ 左右。

2）停电试验。停电直流 1mA 参考电压试验，发现三相 6 节避雷器均有明显下降并且低于标准 145kV，其中直流 1mA 参考电压 A 相上节 137.4kV、下节 138.6kV；B 相上节 137.2kV、下节 137.6kV；C 相上节 137.8kV、下节 137.9kV。绝缘电阻正常。

判断该避雷器绝缘未受潮，可能存在阀片老化现象。为进一步检查原因，需要对该组避雷器进行进一步检查。

3）解体检查。经解体检查，氧化锌电阻片叠装如图 3-3（a）所示，电阻片外观无异常，固定电阻片用有机绝缘棒表面无放电及其他异常痕迹，避雷器底部密封件内侧金属件无锈蚀现象、无密封不良后受潮进水迹象，对瓷套内、外壁外观检查亦未发现有裂纹或其他异常情况。而该避雷器的电阻片的叠装集中在上部，在下端用金属导管补偿的方式，没有考虑到电场电位分布的影响，目前厂家已不采用此方式，而是采用多个金属垫块进行分散叠装的方式，改善电场的分布，见图 3-3（b）。

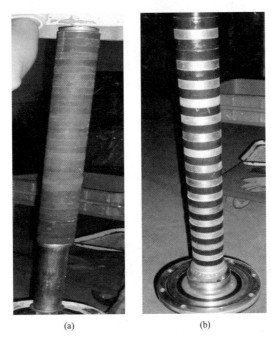

(a)   (b)

图 3-3　新老阀片的叠装方式对比图

（a）缺陷避雷器阀片的叠装方式；（b）新型避雷器阀片的叠装方式

（3）小结。

该避雷器为早期引进日本技术，根据有关资料[14]进口避雷器多次发现电阻片老化故障。避雷器阀片的叠装方式不合理，为凑高度采用了在电阻片柱下端用金属导管补偿的方式，没有考虑到电场电位分布的影响，长期运行后，电阻片老化导致性能下降。

二、避雷器设计制造缺陷案例

【案例 2】

（1）故障情况。

某年 4 月 21 日，某 220kV 变电所 35kV 出线 A 相避雷器发生故障，同时 C 相避雷器防爆膜动作脱落（见图 3-4），B 相完好。A、C 相计数器故障，B 相计数器完好。

该线路为电缆出线，避雷器安装在出线间隔穿墙套管外侧与电缆连接处，经检查出线电缆绝缘良好，后段架空线路巡查也未发现有接地故障点。

图 3-4　故障避雷器现场情况

（2）诊断分析。

该避雷器型号为 Y5W5-51/134W，2003 年 12 月出厂，2004 年 2 月投运。A 相故障受损严重已无法分析，技术人员对 B、C 相避雷器进行了解体检查。

检查发现该组避雷器铭牌上的持续运行电压为 23.4kV，标准要求是 40.8kV，和国家标准相差甚远。该产品 A 相瓷套已经碎裂、C 相瓷套内壁已经损坏，无法判断内部情况，将 B 相解体发现瓷套内壁有明显污秽，见图 3-5。

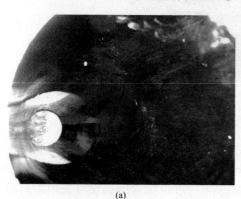

(a)　　　　　　　　　　　　　(b)

图 3-5　解体情况

(a) 内壁污秽；(b) 电阻片规格比较

氧化锌电阻片的直径为 45mm，固定支架对角线为 65 左右，与固定骨架不配，易造成电阻片之间移位，见图 3-6（a）。其他避雷器厂 35kV 无间隙氧化锌避雷器都采用直径为 52mm 的电阻片，见图 3-6（b）。

电阻片固定骨架的绝缘棒采用棉布质压制环氧棒，容易吸潮且是高介损材料，如果过度干燥则会失去强度。避雷器内部要求绝对干燥，其他避雷器厂都采用无纬玻璃丝环氧棒，玻璃丝不会吸潮，介损及强度都明显优于棉布质压制环氧棒。

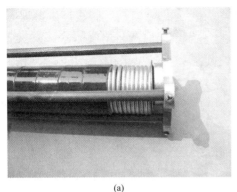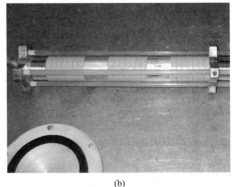

(a)

(b)

图 3-6　避雷器内部情况

（a）故障避雷器固定效果；（b）其他厂避雷器固定效果

B 相避雷器氧化锌电阻片的单片残压（氧化锌电阻片的主要性能）差值达到 17％（随机抽样），根据制造厂的技术标准，此差值一般不超过 10％，差值过大将造成运行中和动作时各电阻片上电压分布不均匀，加速电阻片的老化和损坏。

特将另两个避雷器厂和该组同批次的产品各随机抽取 1 台进行了比对试验，试验结果见表 3-1。

表 3-1　　　　　　　　　　　　部分避雷器试验情况

试验避雷器来源	故障厂同批次产品	其他厂一	其他厂二
产品型号	Y5W5-51/134W	Y5WZ-51/134W	Y5WZ-51/134W
持续运行电压	23.4kV	41kV	41kV
制造编号	0018	44200	0404060
出厂年月	2003.12	2004.5	2004.4
电阻片直径（mm）	45	52	52
交流 23.4kV 下 总电流（μA）/阻性电流（μA）	293/50	—	—
交流 41kV 下 总电流/阻性电流	485/103	333/64	464/73
交流 1mA 电压	56.4	57.3	58

调查该批避雷器的安装交接试验记录，其交流 23.4kV 下阻性电流和 0018 号有明显差异，见表 3-2。

表 3-2　　　　　　　　　　　　该批避雷器试验情况

出厂编号	交流 1mA 电压（kV）	交流 23.4kV 下总电流（μA）	交流 23.4kV 下阻性电流（μA）
25	52.9	315	37
26	52.1	310	39
27	52.6	308	38
28	52.7	315	38
29	52.5	313	39
30	52.4	312	36

该批避雷器注明"内部充氮",但没有抽真空充氮的结构。后制造厂解释是采用将氮气直接充入即将装配好的避雷器,利用氮气比空气重的原理将空气驱赶,密封后用热水浸泡法检查密封情况,然后进行出厂例行试验的制造工艺。解体2只未炸裂和1只炸碎的避雷器,还发现密封圈全部有开裂现象,密封圈的质量明显不合格。

防爆膜为双面敷铜玻璃丝布环氧板,敷铜面短路薄铜片未焊牢,仅靠其自身弹性夹住,接触不良易脱落,该批避雷器在另一变电所运行中有一相发生放电声响进行了更换。

事故经过为:因为A相避雷器故障(内部闪络)造成A相接地故障,因该变电所无小电流接地选线装置,故反映为35kV副母A相接地,由于消弧线圈动作限制了对地故障电流(抵消了系统的电容电流),系统仍可以运行,但使B、C两相对地电压持续升高到线电压。5min后C相避雷器也发生内部闪络。造成A、C相对地短路形成强大的短路电流。此短路电流使A相避雷器炸碎;C相避雷器防爆膜爆破;同时使过电流I段保护动作跳闸。跳闸后A相接地故障消失。

(3)小结。

根据对避雷器解体和比对试验的情况,认为该批避雷器选用电阻片直径偏小,在电阻片热容量较其他避雷器厂小的情况下,阻性电流分量却明显比其他避雷器厂要大,在持续线电压作用下,由于泄漏电流增加,对应了电阻片发热的恶性循环而使各电阻片分布电压严重不均匀,导致发生电弧击穿。

根据对避雷器的解体和对照比较,认为引起此次事故的主要原因是该批避雷器的整体质量较差,不能满足现有的运行工况条件。

第三节　避雷器受潮案例

在避雷器故障总数中由于受潮引起的占绝大部分,而导致避雷器受潮的原因也不尽相同:有出厂时的工艺问题引起、有运行中密封件老化引起,也有受外力破坏后外套破损引起。这类缺陷的特点是受潮后泄漏电流会缓慢增长,甚至泄漏电流会随着温度的变化而变化,一般不会立即造成事故,因此在巡检过程中注意泄漏电流表的变化趋势即可及早发现,再结合适当的检测试验手段可以及时消除该类缺陷。

一、避雷器复合外套绝缘不良缺陷分析与诊断案例

【案例3】

(1)缺陷简介。

运行巡视发现某500kV主变压器35kV侧避雷器A相泄漏电流为0.8mA左右,B、C相均为0.33mA,查询历史记录,A、B、C三相均为0.33mA,巡视前当地下过大雨。

(2)诊断分析。

该避雷器外套为复合绝缘,为进一步判断是否是泄漏电流表计缺陷,现场进行了以

下检查诊断工作：

1）外观检查，未发现异常；

2）检查表计，未发现异常；

3）红外测温，图谱见图 3-7，明显看出 A 相避雷器中上部一侧发热严重，同节上下间及相间相同部位间超过了 0.5K，诊断可能为内部绝缘缺陷；

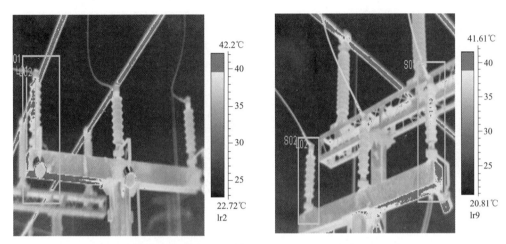

图 3-7　避雷器红外检测图片（正反两个方向测试）

4）带电测试。该避雷器安装位置较高，现场安排进行了带电测试，测试结果见表。同组比较可见，A 相泄漏电流增长明显，与泄漏电流在线监测装置显示数据趋势一致，可排除表计问题，数据见下表。根据以上红外检测和带电测试结果，初步确定避雷器绝缘不良可能性大，带电检测数据见表 3-3。

表 3-3　　　　　　　　　　　　带电检测数据表

项目		A	B	C
在线监测泄漏电流	总电流（mA）	0.8	0.33	0.33
带电测试	总电流（mA）	0.653	0.320	0.326
	阻性分量（mA）	0.100	0.047	0.050

避雷器损坏会对 500kV 系统稳定运行造成巨大的隐患，因此安排进行停电检查试验。A 相试验数据见下表，其他两相试验数据无异常。由试验数据可见 A 相避雷器绝缘性能明显下降，不能继续运行，A 相停电检测数据见表 3-4。

表 3-4　　　　　　　　　　　　A 相停电检测数据统计表

项目		交接试验	本次试验
绝缘电阻（MΩ）		10000+	20
泄漏电流（43.2kV）	总电流（mA）	0.537	2.398
	阻性电流（mA）	0.077	超出仪器量程
1mA 直流参考电压（kV）		83.5	24.8
$0.75U_{1mA}$ 漏电流（μA）		5	630

对该避雷器进行解体检查。外观检查发现避雷器上部接线端金属部件与硅橡胶伞裙连接部位有一小孔，切开小孔，内部孔直径更大，见图 3-8（a）、（b）。环氧桶内对应位置金属部件内部有放电痕迹见图 3-8（a）。上部压紧金属块有密集水珠并生锈，见图（d）。内部电阻片共 17 块，均有放电痕迹，且越靠近上部，放电痕迹越明显，见图 3-8（e）、（f）。与红外检测图谱显示相吻合，整体电阻片外侧无放电通道，见图 3-8（g）。

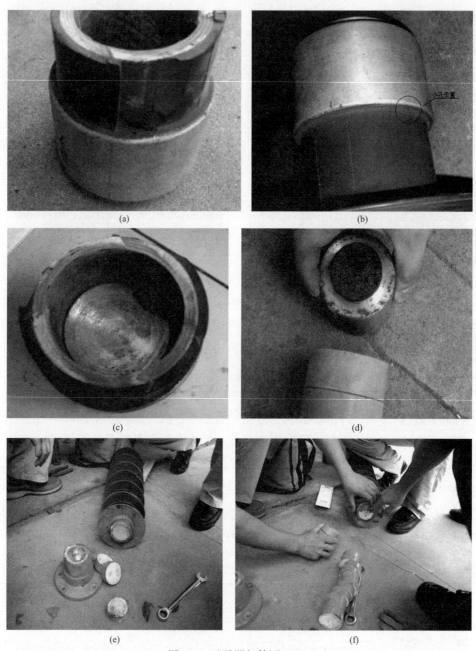

图 3-8 避雷器解体图（一）

（a）外观有小孔裂痕；（b）内部孔直径更大；（c）小孔对应放电痕迹；（d）金属块有水珠和锈迹；
（e）底部阀片放电痕迹；（f）上部阀片放电痕迹

(g)

图 3-8　避雷器解体图（二）

（g）17 块阀片外侧无放电痕迹

（3）小结。

综合以上检测数据和解体情况，认为该避雷器硅橡胶绝缘外套发生龟裂导致设备内部受潮，导致避雷器内部受潮，其绝缘性能下降。通过避雷器泄漏电流表监测、红外检测和带电测试及时发现了设备缺陷，消除了设备事故隐患。

值得注意的是，对于 35kV 避雷器排除泄漏电流表问题，在红外检测确诊后，为避免设备故障造成人员伤害，尤其是瓷外绝缘的设备，一般不建议再进行带电测试，建议直接安排停电检查和相关试验。

二、避雷器密封件密封不良缺陷分析与诊断案例

【案例 4】

（1）缺陷简介。

某年某月某日，运行人员巡视时发现某 110kV 避雷器 C 相的泄漏电流增长明显（A、B 相 0.7mA、C 相 1.5mA）且数值有规律的上下波动，数据不稳定。该避雷器 2000 年 3 月出厂，型号为 Y10W100/260W。

（2）诊断分析。

由于 C 相避雷器泄漏电流增长明显，数值较大且数据不稳定，立即对该避雷器申请停电试验检查，进一步判断存在内部缺陷的可能性。避雷器交流试验数据见表 3-5。

根据试验数据，判断该避雷器试验不合格，不能继续运行。

表 3-5　　　　　　　　　　　避雷器交流试验数据

测试数据	A	B	C
总电流（有效 mA）	0.887	0.856	超量程（大于 2）
阻性电流（峰 mA）	0.196	0.180	超量程（大于 1）
交流参考电压（kV）	104.7	105.4	/

为进一步分析设备缺陷原因，技术人员进行解体检查。通过解体检查发现避雷器隔

弧桶外侧有明显的树状放电痕迹，下端电阻片支撑紧固件、压紧弹簧有明显锈痕，上端铜盘有明显的锈迹，检查抽气孔，未受潮。外密封圈内锈蚀严重，内密封圈被铁锈拱起，见图3-9。故判断为密封圈密封不良引起内部受潮。

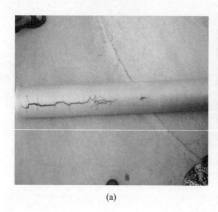 

(a)   (b)

图 3-9　避雷器解体图

(a) 隔弧桶放电痕；(b) 避雷器上盖板锈蚀

（3）小结。

综合以上检测数据和解体情况，认为该避雷器密封圈密封不良引起内部受潮，导致避雷器内部绝缘性能下降。本案例说明，通过避雷器泄漏电流表监测及时发现了设备缺陷，及时消除了设备事故隐患。而对于泄漏电流表增大且指针晃动的情况，应注意缺陷处理的及时性，不宜继续运行或等待带电检测，应立即停电检查试验，查找原因。

【案例 5】

（1）缺陷简介。

2016 年 5 月 16 日，220kV 某变电所 1 号主变压器 AB 两套主变保护 A 相差动速断保护动作，跳开 1 号主变压器三侧开关（故障前主变压器 110kV 侧开关热备用状态），故障电流 9252A，主变压器本体其他保护均未动作。故障后对 1 号主变压器进行油色谱分析，数据正常，1 号主变压器保护范围内其余设备未见异常。故障时当地天气为晴天，现场无工作。

现场检查一次设备发现 1 号主变压器 220kV 侧 A 相避雷器底座有明显放电痕迹，避雷器瓷瓶上有局部烧黑痕迹，上下 2 个喷弧口均有动作痕迹，放电计数器损毁，如图 3-10 和图 3-11 所示。

1 号主变压器 A 相（故障相）和 B 相避雷器型号为：Y10W-200/520，南阳某厂，1993 年 10 月产品，持续运行电压为 146kV。C 相避雷器为广州华盛避雷器实业有限公司 2004 年 6 月的产品，型号为 Y10W-200/520，额定电压为 200kV，持续运行电压为 156kV。

（2）诊断分析。

1）查阅历次停电和带电试验报告，数据均正常。

(a)

(b)

(c)

图 3-10　A 相避雷器外观

（a）上节顶部；（b）下节顶部；（c）下节底部

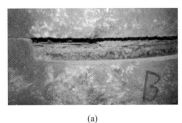
(a)

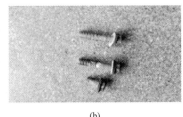
(b)

(c)

图 3-11　B 相避雷器外观

（a）上节顶部；（b）下节顶部；（c）下节螺栓

2）外观检查见表 3-6。

表 3-6　　　　　　　　　　　避雷器外观检查项目及检查结果

工序	检查项目	检查结果
本体检查	金具及瓷套外观	A 相两节顶部防爆膜均已被冲破，盖板锈蚀严重，且已被熏黑并冲击变形；下节泄漏电流表安装处瓷套表面有明显的烧蚀痕迹，伞裙表面部分釉已脱落，且附着众多溅射凸起物，如图 3-10 所示；B 相两节顶部防爆膜未见损坏，盖板锈蚀严重，可被轻易剥落，部分螺栓已锈蚀断裂，导致盖板和防爆膜翘起，如图 3-11 所示；C 相两节防爆膜完整，盖板金具光洁未见锈蚀。三相瓷套均有一定积污，未见浸湿
	瓷铁胶合处检查	三相未见明显异常
	压力释放装置检查	A 相两节压力释放装置均动作，其他两相未动作

3）加压试验。为判断三相避雷器的状态，在实验室对三相避雷器进行常规电气试验，数据见表 3-7。

表 3-7　　　　　　　　　　　避雷器停电试验结果

试验项目	试验时状态	A 相	B 相	C 相
绝缘电阻（GΩ）	上节	13.6kΩ	16.3	98.4
	下节	288kΩ	15.2	107
U_{1mA}（kV）	上节	0	149	150.8
	下节	0	149.1	150.5
$I_{0.75U_{1mA}}$（μA）	上节	—	23	7
	下节	—	35	8

试验项目	试验时状态	A 相	B 相	C 相
全电流 I_x（有效值，μA）	上节	—	1134	—
	下节	—	—	—
阻性电流 I_{rp}（峰值，μA）	上节	—	326	—
	下节	—	—	—
基波阻性电流 I_{1rp}（峰值，μA）	上节	—	235	—
	下节	—	—	—

试验结果表明，A 相避雷器绝缘电阻极低，且已无法施加直流电压；B 相避雷器直流试验结果均正常，考虑到下节锈蚀严重，且防爆膜已翘起，内部有受潮可能较大，因而直接拆解，同时对上节进行持续运行电压下的泄漏电流测量，与出厂时双柱电阻片的要求值相比，全电流小于的 $2000\mu A$，阻性电流峰值小于 $600\mu A$，结果正常；C 相避雷器试验结果正常。

4）解体检查。

A 相避雷器：避雷器上节顶部防爆膜已破损，防水圈外表面已被熏黑；隔弧筒内、外表面均已熏黑，靠近避雷器底部处被烧穿。内表面出现锈蚀，密封圈贴合较紧密、弹性良好，但内侧仍见锈蚀，因而可推测防爆膜的密封作用已丧失，导致水分进入内侧；底部盖板锈蚀严重，防爆膜破损，见图 3-12（a）。

避雷器下节顶部与上节类似，底部盖板锈蚀严重，防爆膜虽未破损，但由于受到冲击向外突起，见图 3-12（b）。

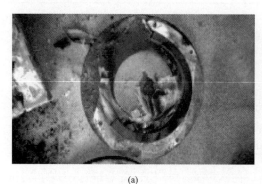 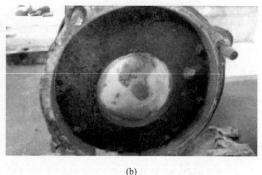

(a)　　　　　　　　　　　　　　　　(b)

图 3-12　A 相避雷器防爆膜

（a）上节防爆膜；（b）下节防爆膜

上节氧化锌电阻片柱结构完整，整柱均已熏黑，氧化锌电阻片表面釉层均消失，多见电阻片间铅片熔融。一侧有显著的烧熔痕迹，铝管被烧蚀熔穿，且环氧柱和电阻片表面多见凝固的金属液滴；另一侧则仅见熏黑痕迹。由此可推知该电阻片柱一侧发生了沿面闪络，A 相避雷器电阻片实物图如图 3-13 所示，下节氧化锌电阻片柱结构完整，整柱均已熏黑，但未见沿面闪络痕迹，部分区域见残存釉层

B 相避雷器：避雷器上节顶部防爆膜内表面光洁未锈蚀；底部盖板锈蚀严重，防水圈未锈蚀，防爆膜未破损，平整且内部光洁未锈蚀。

（a）　　　　　　　　　　（b）　　　　　　　　　　（c）

图 3-13　A 相避雷器电阻片实物图

（a）上节隔弧筒；（b）下节隔弧筒；（c）熔融的电阻片

　　避雷器下节顶部防爆膜完整，内部光洁未锈蚀，防水板外侧锈蚀，内侧光洁未锈蚀，密封圈贴合紧密、弹性良好，但可见外侧锈蚀痕迹已逐渐侵入内部，可见螺栓锈蚀断裂使防爆膜翘起，导致密封即将失效；底部盖板锈蚀，防爆膜虽未破损，但外表面已出现铜锈，内部见腐蚀斑点；上、下节氧化锌电阻片柱结构完整，外观无明显异常。

　　（3）小结。

　　根据上述试验结果、解体情况，本次故障的原因如下：

　　1）防爆膜盖板及防爆膜处密封失效，水分进入避雷器内部后凝结，引发电阻片柱和隔弧筒的沿面闪络，从而导致接地故障。

　　2）由于该避雷器已年代久远，其顶部未采用裙边设计，内部未放置干燥剂，致使水分易侵蚀进入防爆膜盖板侧面，引起盖板和螺栓锈蚀。螺栓经过长期锈蚀后断裂，导致防爆膜及盖板处密封失效。

三、避雷器装配工艺缺陷分析与诊断案例

【案例 6】

　　（1）缺陷简介。

　　2018 年 1 月 8 日，试验人员对 110kV 某变电站测温时发现 110kV 北郭 9Y4 避雷器 B 相、110kV 北青 9Y5 避雷器 B 相、C 相有异常，红外检测结果见图 3-14 和图 3-15。

　　经查询，两组避雷器均为复合外套避雷器，型号为：YH10W-102/266W1；产品编号分别为 6041594、6041601、6041656、6041655、6041654、6041639；生产厂家：南阳某公司；生产日期：2016 年 4 月；投运日期：2016 年 6 月，运行时间不满 2 年。

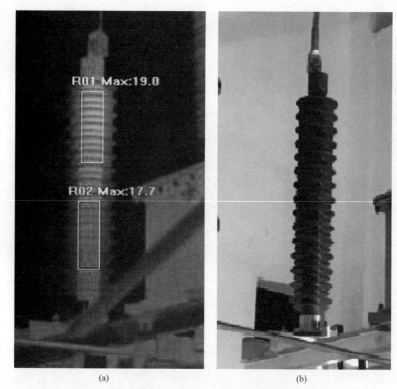

图 3-14　北郭 9Y4 避雷器 B 相红外检测及实物图

（a）B 相红外检测图；（b）B 相实物图

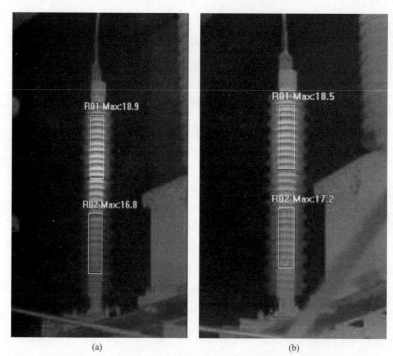

图 3-15　北青 9Y5 避雷器 B 相、C 相红外检测图

（a）B 相红外检测图；（b）C 相红外检测图

（2）诊断分析。

1月8日，试验人员对两组避雷器做带电测试，具体数值见表3-8。单独看一相的测试数据，阻性电流和全电流均未见超出标准规定，但从三相比较还是能看出B相避雷器全电流下降，和A、C相比较有明显异常。

表3-8　　　　　　　　　　带 电 测 试 数 据

设备名称	避雷器运行电压下的持续电流（新）	A	B	C
北郭 9Y4	阻性电流 I_{RP}（μA）	49	49	49
	全电流 I_X（μA）	516	481	519
	阻性电流无明显增长，单从本项试验数据看是合格的，但相间比较，B相明显比AC相全电流要小一点			
北青 9Y5	阻性电流 I_{RP}（μA）	49	47	54
	全电流 I_X（μA）	516	492	531
	阻性电流无明显增长，单从本项试验数据看是合格的。但是相间比较，BC相明显与A相数据偏差较明显			

为进一步分析红外检测异常原因，申请临时停电检查试验。停电试验数据见表3-9，110kV北郭9Y4避雷器B相、110kV北青9Y5避雷器B相、C相试验数据不合格，A相数据略有超标。从试验结果看，两组避雷器不能继续运行，立即组织进行了更换处理。

表3-9　　　　　　　　　　停 电 试 验 数 据

设备名称	相别	U_{1mA}（kV）	U_{1mA}初值（kV）	U_{1mA}初值差（%）	$0.75U_{1mA}$泄漏电流初值（μA）	$0.75U_{1mA}$泄漏电流（μA）	$0.75U_{1mA}$泄漏电流初值差（%）	结果
北郭 9Y4	A	152.7	152.3	0.26	19	20	5.26	合格
	B	144.4	151.9	−4.94	23	160	596	不合格
	C	151.7	151.5	0.13	29	31	6.9	合格
北青 9Y5	A	151.2	151.4	−0.13	29	65	124	略超标
	B	137	151.5	−9.57	31	230	642	不合格
	C	137	151.2	−9.39	27	100	270	不合格

为进一步查找设备缺陷原因，技术人员联系生产厂家进行返厂检测，并制定如下解体分析方案：

1）返厂开箱后，测试避雷器电性能（直流及交流参数），并记录。

2）把上、下法兰卸下，利用机器取出芯组，目测观察环氧筒内壁是否有明显裂纹，然后分别测试芯组、外套的电性能（直流及交流参数），并记录。

3）芯组电性能异常，可判定芯组受潮，在烘箱内130℃烘6h，随烘箱温度冷却到室温，测试电性能，并记录。若数据正常，说明水分随高温蒸发。

4）外套电性能异常，可判定外套受潮，把硅橡胶外套剥下，测试环氧筒电性能并检查外观，若电性能异常，可判定环氧玻璃丝绝缘筒受潮。查看外观是否有明显裂纹。在烘箱内130℃烘6h，随烘箱温度冷却到室温，测试电性能，并记录。若数据正常，说明水分随高温蒸发。

按照解体方案，考虑数据比对需要，确定将北青9Y5三相3支避雷器返厂。解体前，先进行电性能测试，由于现场环境和测试仪器的差异，厂内测试数据与现场试验数据略有差异，但趋势一致，可以认为试验数据有效。具体试验数据见表3-10。

表3-10　　　　　　　　　　　　返厂后处理前测试数据

设备名称	避雷器编号	直流1mA下的参考电压（kV）	0.75U_{1mA}泄漏电流（μA）	工频参考电压（kV）	全电流I_X（μA）	阻性电流I_{RP}（μA）	局部放电量（pC）
厂家标准	正常数据	≥148	≤50	≥102	≤650	≤170	≤10
北青9Y5A	6041639	150.7	43	106.6	430	100	5.4
北青9Y5B	6041654	131.1	218	94.0	580	460	5.2
北青9Y5C	6042655	140.2	126	98.5	500	280	5.3

从以上数据看出，编号6041654、6041655直流1mA参考电压降低，0.75倍直流1mA参考电压下泄露电流增大，阻性电流偏大，初步怀疑潮气进入了内部。随后，对这两支避雷器解体，观察避雷器整体外观，发现编号6041654的法兰与外套结合处有一处胶有缺陷，随后将两支避雷器的上、下法兰卸下，内部件均正常，无锈蚀现象，见图3-16。

图3-16　缺陷避雷器解体图

然后，试验人员利用机器取出芯组，目测观察环氧筒内壁无明显裂纹。分别测试芯组、外套的电性能测试数据见表3-11，测试外套和芯组见图3-17。

表3-11　　　　　　　　　　　　芯组及外套的电性能测试数据

设备名称	避雷器编号	直流1mA下的参考电压（kV）	0.75U_{1mA}泄漏电流（μA）	工频参考电压（kV）	全电流I_X（μA）	阻性电流I_{RP}（μA）	局部放电量（pC）
厂家标准	正常数据	≥148	≤50	≥102	≤650	≤170	≤10

设备名称	避雷器编号	直流1mA下的参考电压（kV）	0.75U_{1mA}泄漏电流（μA）	工频参考电压（kV）	全电流I_X（μA）	阻性电流I_{RP}（μA）	局部放电量（pC）
北青9Y5B	6041654	131.1	218	94.0	580	460	5.2
	6041654（芯组）	129.1	249	91.0	580	510	5.4
	6041654（外套）	/	7	/	30	2	/
北青9Y5C	6042655	140.2	126	98.5	500	280	5.3
	6042655（芯组）	137.4	194	97.1	530	240	5.6
	6041655（外套）	/	10	/	35	2	/

图 3-17　测试外套和芯组图片

通过以上数据，可以看出避雷器芯组电性能异常，复合外套电性能正常，分析确定是芯组受潮。将两支芯组放入烘箱内130℃烘6h，随烘箱温度冷却到室温，测试电性能数据如表3-12所示。

表 3-12　烘干后避雷器测试数据

设备名称	避雷器编号	直流1mA下的参考电压（kV）	0.75U_{1mA}泄漏电流（μA）	工频参考电压（kV）	全电流I_X（μA）	阻性电流I_{RP}（μA）
厂家标准	正常数据	≥148	≤50	≥102	≤650	≤170
北青9Y5B	6041654（芯组）	149.1	26	105.0	500	165
北青9Y5C	6042655（芯组）	149.4	32	103.7	470	170

从以上数据可以看出，两支芯组经过干燥处理后，直流1mA参考电压恢复正常，0.75倍直流1mA参考电压下泄漏电流降至50μA以下，持续运行电压下阻性电流恢复

正常，证明水分随高温蒸发，进一步验证了芯组受潮。

（3）小结。

从上述解体的数据分析得出，避雷器电性能异常的原因是内部芯组受潮。推断潮气是从避雷器法兰与外套的结合处通过螺纹慢慢侵入的。进一步原因分析应为法兰与螺纹结合处涂抹胶不均匀或涂抹胶后放置时间不到，未完全固化，在后续抽真空灌硅凝胶时将螺纹未固化的硅胶抽走，导致螺纹处硅胶分布不均，形成通道进入潮气。

同时，对同厂家、同型号、同批次在运设备进行排查，在未更换前应加强对该型号、批次的避雷器红外测温、带电测试和运行中泄漏电流数据分析，及时发现并处置异常状况。

【案例 7】

（1）故障简介。

2015 年 3 月 9 日下午，天气晴，13 时 05 分 22 秒，某变电所 220kV 1 号主变压器 A 套差动保护动作，跳开主变三侧开关。经检查在 1 号主变压器差动保护区内，主变压器 110kV 侧避雷器 A 相击穿，避雷器防爆孔打开，泄漏电流表烧毁，见图 3-18。该避雷器型号为 Y10W5-100/260W，出厂日期为 2004 年 1 月，投运日期为 2014 年 3 月 7 日，其他一次设备检查均无异常。

(a)   (b)

图 3-18　故障避雷器现场图

（a）避雷器本体；（b）泄漏电流表

（2）诊断分析。

该组避雷器于 2014 年 3 月 7 日投入运行，投运前进行了全部交接试验项目，数据正常，投运后检查避雷器泄漏电流数值正常。3 月 8 日，巡视抄录泄漏电流约为 0.65mA，三相数值一致。3 月 7～9 日，均为晴好天气。该避雷器出厂后，一直作为备品存放。3 月 12 日，对该组避雷器进行解体检查，其内部氧化锌电阻片柱结构完整，顶部碗状压片锈蚀严重；电阻片侧面已经完全熏黑，上下表面有明显受潮痕迹，为沿柱面闪络。避雷器两端密封板密封圈、防水圈完好，具有较强弹性，无老化痕迹，密封性能良好，两端防爆膜被冲破，压接部分均为完整圆环，未见明显松动、压接不到位情况。避雷器解体图见图 3-19，其中图 3-19（a）为阀柱顶部碗形金属压片、图 3-19（b）为阀片受潮情况，图 3-19（c）为盖板上密封孔螺栓锈蚀情况。

图 3-19　避雷器解体图

（a）阀柱顶部碗形金属压片；（b）阀片受潮情况；（c）盖板上密封孔螺栓锈蚀情况

从图 3-19（c）可见，故障避雷器密封盖板上密封孔的螺栓突出于盖板边沿约 5mm（该孔为避雷器装配完成后抽气和充入氮气的通道，因而直接通向避雷器内部）。由于螺栓未完全拧入密封孔内，且密封胶覆盖不严。

密封孔内依次塞入了橡胶垫、铜片，最后拧入螺栓，其正常结构形式如图 3-20 所示，橡胶垫的尖端应朝里；而故障避雷器则是将尖端朝外，在塞入过程中致使橡胶垫和铜片卡在孔中部的螺纹上，导致螺栓无法完全拧入，且密封胶覆盖不严。水分由此孔进入避雷器内，螺栓铜片等锈蚀严重，而正常避雷器螺栓则光亮如新。

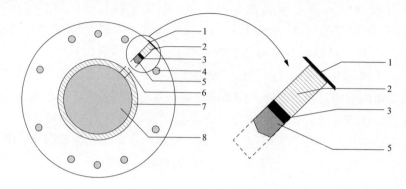

图 3-20　正常避雷器密封孔处理方式

1—密封胶；2—螺栓；3—铜片；4—螺孔；5—橡胶垫；

6—密封圈；7—密封圈；8—防爆膜

（3）小结。

由上述解体情况表明，避雷器密封盖板上密封圈和防水圈结构良好，无老化痕迹；密封孔内的橡胶垫安装方向错误，螺栓无法拧入密封孔内，且密封胶覆盖不严，导致水汽进入避雷器内部。本次故障的主要原因为避雷器制造过程中，密封孔处理不当，导致电阻片柱受潮引发沿面闪络。

【案例 8】

（1）缺陷简介。

2008 年 12 月 2 日，运行巡视发现某主变压器 220kV 侧避雷器泄漏电流指示 AB 相均为 0.6mA，C 相为 0.8mA，有明显差异。该避雷器型号为 Y10W5-216/532W，2002 年 7 月生产。为此，技术人员对设备历史数据进行比对分析并进一步开展检测针对工作。

（2）诊断分析。

试验人员对该主变压器进行带电测试，发现 C 相避雷器阻性电流与 AB 相比较有明显增大，与上次检测结果比较也有明显增长。带电测试检测数据与泄漏电流表监测数据基本一致，历次带电测试数据见表 3-13。

表 3-13　　　　　　　主变压器 220kV 侧避雷器带电测试数据统计表

测试时间	A		B		C	
	I_r	I_c	I_r	I_c	I_r	I_c
2006.11.09	0.151	0.646	0.126	0.636	0.088	0.633
2007.11.26	0.123	0.631	0.098	0.611	0.110	0.629
2008.12.02	0.151	0.675	0.101	0.637	0.214	0.883

停电检测，发现 C 相避雷器上节绝缘电阻为 0，下节测试数据正常。

经解体检查发现，避雷器瓷套内有积水，避雷器上端密封孔及电阻片支撑紧固件已有明显锈痕，避雷器底端铜盘有明显的铜绿，具体见图 3-21。进一步检查抽气孔，发现抽气孔孔深远大于压紧螺钉的长度，现场检查压紧螺钉公差为 6mm 左右。

(a)   (b)

图 3-21 避雷器解体图

（a）避雷器内有积水；（b）上端密封孔生锈

（3）小结。

从解体情况可分析，避雷器损坏主要原因是避雷器上端密封孔密封不良、避雷器内部在运行中进水受潮引起。由于 220kV 避雷器为上下两节结构，本案例中当一节有缺陷时，仍有可能运行较长时间，在实际运维中，对多节组成的避雷器应注意检测、监测数据变化，应重视分析差异产生的原因。

【案例 9】

（1）故障简介。

2014 年，某一避雷器厂在转制期间生产的避雷器在一个月内于不同的地点连续发生两起类似的故障，虽然后果不同但其原因是有共性的。情况如下：

1）2014 年 2 月 3 日，某地区为小雨加雾天气，7 时 40 分，220kV 某变电所 1 号主变压器保护动作三侧开关跳闸。

现场检查一次设备发现 1 号主变压器 220kV 侧 C 相避雷器底座有明显放电痕迹，避雷器瓷瓶上有局部烧黑痕迹，见图 3-22。1 号主变压器本体及差动保护范围内其他设备检查均未见异常。

1 号主变压器 220kV 侧 C 相避雷器为某电瓷厂 2003 年生产，2004 年 6 月 25 日投运，型号为 Y10W1-200/520W，上次预试日期为 2011 年 10 月 19 日，上次带电检测日期为 2013 年 6 月 20 日，上次试验数据正常。

(a)   (b)

图 3-22 放电故障避雷器现场图

(a) 底座放电痕迹；(b) 上端盖板外侧锈蚀

2）2014 年 2 月 21 日，220kV 某变电所某线路避雷器例行试验时，发现 B 相避雷器上节试验数据异常。试验数据：绝缘电阻值 2000MΩ，远低于其余两相避雷器绝缘电阻值；75％直流 1mA 参考电压下的泄漏电流 250μA，大大超过 50μA（注意值）要求。

该组避雷器型号：Y10W1-204/532W，某电瓷厂 2004 年 4 月出厂，投运日期：2005 年 7 月。具体试验数据见表 3-14。

表 3-14   **2K10 某线线路避雷器例行试验数据表**

相别序号	A 相		B 相		C 相	
试验项目	上	下	上	下	上	下
单节绝缘电阻（MΩ/5kV）	25000	25000	2000	25000	25000	25000
底座绝缘电阻（MΩ/2.5kV）	5000		5000		5000	
$U_{DC.1mA}$（kV）	154.3	154.1	153.1	153.6	154.1	154.0
$I_{0.75UDC.1mA}$（μA）	25	10	250	18	18	12

（2）诊断分析。

为分析缺陷和故障发生原因，试验人员对两台避雷器进行了解体分析，发现如下情况：

1）对主变压器侧未故障的避雷器解体来看，上端盖板外侧出现严重锈蚀，说明该处存在凝露现象。避雷器内部通过密封板、密封圈、防爆膜、盖板与外界隔离，防爆膜为环氧覆铜板，厚度 1.5mm，直接与盖板接触。

故障避雷器的解体情况为密封板、密封圈等正常，大部分电阻片边沿均存在受潮痕迹。该故障避雷器没有干燥剂，无法吸附内部潮气。避雷器运行过程中，由于电阻片边沿受潮，绝缘性能下降，造成电阻片沿面闪络，引发故障。故障时内部气压迅速膨胀，冲开防爆膜，压力释放装置动作，在瓷瓶外表面上留下电弧灼烧痕迹。

2）对 2K10 线路避雷器解体时发现：上节避雷器的下部防爆片存在松动现象，取下防爆片，位于避雷器内部的一面存在水渍痕迹；取出阀体，金属支柱已生锈，干燥剂有吸潮现象。下部密封圈良好，无进水痕迹。见图 3-23。分析为下部防爆片压板螺丝未完全紧固，密封不良引起潮气侵入，长期受潮导致绝缘下降。

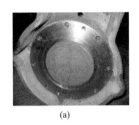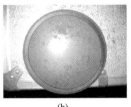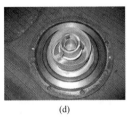

(a)　　　　　　　(b)　　　　　　　(c)　　　　　　　(d)

图 3-23　缺陷避雷器解体图

(a) 防爆片松动处；(b) 防爆片水迹；(c) 支柱锈蚀；(d) 密封圈良好

（3）小结。

综合这两起同厂同期的避雷器故障情况（同为密封圈良好但内部受潮），分析认定该批次产品组装工艺存在失控现象。一般来说工艺质量失控产生的原因有：电阻片或绝缘管干燥不彻底，干燥后封装前空气中暴露时间过长；电阻片烧结质量不良等。

【案例 10】

（1）缺陷简介。

2011 年 7 月，红外检测发现 220kV 某变电站 1 号主变高压侧避雷器下节温度局部异常，其温度分别为：A 相 35.6C，B 相 37.7C，C 相 33.8C，A 相温度与 C 相温差 1.8K，B 相温度与 C 相温差 3.9K。该避雷器为 2003 年产品，复合绝缘外套，型号 Y10WZ-204/520。随即对其进行带电测试，发现 B 相全电流、阻性电流检测略有增大，A 相、C 相未见异常。

（2）诊断分析。

1）根据避雷器红外测温和带电测试结果可判断：A、B 相下节避雷器电阻片受潮劣化，其中 A 相下节最大相间温差 1.8K，为严重缺陷；B 相下节最大相间温差 3.9K，为危急缺陷。

2）对该避雷器进行停电试验，其中，A 相下节、B 相下节的直流 1mA 参考电压分别只有 140kV 和 135kV，低于标准要求的 145kV 及出厂值。

3）解体检查。从外观来看避雷器各部位无破损渗漏点；将故障避雷器解体发现：其上部柱状铝块外表面有锈蚀，上数第 1～3 片金属氧化物电阻片有沉积锈迹；电阻片外径 70mm，为空心电阻片，电阻片间夹垫铅片完好；电阻片内径及外径表面绝缘漆膜釉质存在过热变色。根据电阻片上锈蚀痕迹分析，造成避雷器电阻片过热劣化的原因为避雷器在组装时干燥工艺质量失控。

（3）小结。

本案例中，同组避雷器有2相的下节红外检测同时异常发热，通过进一步检试发现避雷器确实存在缺陷。因而对红外结果的分析需全面仔细，防止漏判。而随后又发现该变电所同批其他避雷器存在同样缺陷，故可认定为家族性缺陷。

四、外力破坏导致避雷器缺陷分析与诊断案例

【案例 11】

（1）缺陷简介。

运行巡视发现某变电站 35kV 避雷器泄漏电流异常，其中 A 相 0.57mA、B、C 相 0.3mA。A 相数值明显偏大，初步避雷器可能有缺陷。

（2）诊断分析。

为进一步检查原因，试验人员现场检查试验情况如下：

1）外观检查，良好。

2）调换 A 相电流表后，泄漏电流为 0.57mA，排除表计原因。

3）带电测试 A 相避雷器异常，数据见表 3-15。

表 3-15　　　　　　　　　　现场带电检测数据统计

项目		A	B	C
在线监测泄漏电流	总电流（mA）	0.57	0.29	0.30
带电测试	总电流（mA）	0.517	0.268	0.264
	阻性分量（mA）	0.047	0.023	0.023

根据以上检查试验结果，同组比较，A 相泄漏电流增长明显，与泄漏电流在线监测装置显示数据趋势一致，可排除表计问题，可以确定是避雷器缺陷，不能继续运行。

4）该避雷器进行停电试验，持续运行电压 40.8kV 下全电流达到 2.91mA，阻性电流超仪器量程（1mA），数据明显超标。

5）解体检查。发现 A 相避雷器下部防爆膜上有一黑色小孔（直径约 15mm），边缘呈黑色，对应内部电阻片紧固螺栓锈蚀，电阻片受潮。防爆膜由于运输中损坏严重，拼复如下图，检查同组避雷器发现 B 相防爆膜上也有一硬物碰伤痕迹，大小与缺陷避雷器上小孔一致，避雷器解体图见图 3-24。

（3）小结。

该组避雷器可能在组装、搬运、安装等过程中防爆膜受损，由于该避雷器防爆膜位于避雷器底部且有底板覆盖，不易积水，随着防爆膜损伤程度恶化，近日大雨过后湿度很高，水汽大量渗入避雷器本体，最后发展成了绝缘缺陷。

(a)　　　　　　　　　　　　　　(b)

图 3-24　避雷器解体图

(a) A 相防爆膜破损；(b) B 相防爆膜伤痕

五、各类缺陷案例总结

通过以上案例可看出，避雷器的缺陷绝大部分是由于内部受潮引起的，而受潮缺陷一般是由密封器件工艺不良或运行中老化、破损致使潮气进入引起。另外，避雷器运行中在冷热交替时，内腔空气膨胀或收缩引起"呼吸作用"，导致原先存在的微小漏孔（砂眼）扩大，水气可能慢性进入腔体，也将引起电阻片受潮，其受潮程度取决于瓷套法兰浇筑工艺、密封胶、密封件等整体密封性能。另外当电阻片烧结质量不良，或电阻片为空心结构情况下，通流能力达不到标准要求时，避雷器在过电压作用下动作，电阻片会严重发热，导致电阻片劣化。

随着避雷器在线监测技术的广泛应用，通过日常运行巡视与分析诊断可以及时发现避雷器受潮缺陷。发现在线监测数据异常时应首先综合考虑天气影响，结合带电检查和带电检测结果进行分析诊断，必要时应停电检查、检测和分析诊断，确保设备和系统安全。综上所述，一般可按以下步骤进行检测和综合分析诊断：

（1）外观检查，重点检查是否有底座开裂、屏蔽线松动、脱落现象，回路中是否有其他设备异常等；

（2）检查监测装置，确定是否为表计缺陷，可调换新的电流表，现场无表计时可采取相间调换方式进行比对检查；

（3）红外检测对避雷器受潮缺陷有很好的效果，在初步判断存在设备缺陷可能后，在条件许可情况下首先进行红外检测，要注意积累检测经验，尤其是对在线检测数据观察困难的线路避雷器；

（4）红外检测未发现异常的，应综合带电测试数据分析诊断；

（5）如红外检测有明显异常的，考虑人员和设备安全，一般不建议再进行带电测试，应立即停电检查、处理。

总之，对怀疑存在缺陷的要综合应用带电测试、红外检测等带电检测技术进行检测并综合分析，但是不停电试验并不能确定所有缺陷，因此很多时候仍需进行停电试验以便确定或确认缺陷。

第四节　过电压时避雷器损坏案例

一、电容器合闸操作避雷器故障

【案例 12】

（1）故障简介。

2007 年 10 月 9 日，某 220kV 变电站 35kV 丙组电容器合闸操作后，系统报单相接地信号，经试拉该电容器组回路，系统恢复正常，确定系统单相接地故障点在该电容器组回路，停电检查发现该组电容器组避雷器 A 相绝缘电阻为零，确定为避雷器绝缘击穿。

该避雷器型号为 Y5WR-51/134，该避雷器为某厂 2003 年 7 月生产，由电容器组供货厂配套提供，2004 年 11 月投运，为查找避雷器故障原因，对避雷器进行了解体分析。

（2）诊断分析。

外观检查，该避雷器光洁无积污，瓷套外表和底座表面无放电痕迹，见图 3-25（a），避雷器上下盖板中间略有鼓起，防爆膜未动作，见图 3-25（b）。根据绝缘电阻为零，判断为内部绝缘击穿。

对避雷器缓慢松开上部盖板紧固螺丝，发现有大量气体涌出，判断避雷器内部有高温灼伤。待气体释放完后，揭开盖板检查盖板密封完好，上部弹簧压紧情况良好，无明显受潮痕迹。抽出避雷器电阻片柱检查发现整体受损严重，见图 3-25（c）、（d），表面几乎全部烧毁并成碳黑色，且有 6 片电阻片已经碎裂，测量电阻片整体绝缘电阻为零。

 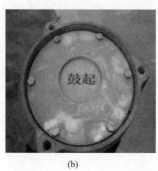  

（a）　　　　　　　（b）　　　　　　　（c）　　　　　　　（d）

图 3-25　避雷器故障图

（a）瓷套外观图；（b）上盖板防爆膜鼓起；（c）电阻片整体情况；（d）损坏的电阻片

该避雷器电阻片总计 17 片，电阻片为饼式结构且直径 50mm，内有金属垫块 4 片调节。该避雷器所选用的电阻片根据电容器组设计要求，保护该电容器组的避雷器通流容量要求不小于 800A，显然，选用电阻片直径偏小。同时，该避雷器的电阻片柱分三节安装，由 4 根直径 10mm 左右的绝缘杆固定，每节电阻片柱之间用导电金属薄片进行隔离固定并且每节电阻片两端金属片用螺栓与绝缘杆固定。分析认为，这种结构的电阻片上端通过经螺栓固定的金属片对整体进行弹簧压紧，压紧效果存在问题。一般，避雷器电阻片固定结构采用两端用弹簧进行压紧并进行整体固定的压紧方式。而故障避雷器电阻片由于金属片与 4 根绝缘杆之间螺栓的紧固作用，上部压紧弹簧只能对上面第一节上的电阻片有压紧作用，下面两节靠金属片用穿孔螺栓固定，解体中也发现中、下节电阻片松动特别明显的情况。

（3）小结。

根据对避雷器的解体和对照比较，分析造成本起避雷器故障的原因是避雷器电阻片组装结构设计不合理，避雷器电阻片直径选用过小，在合闸过电压作用下由于泄漏电流增加，其通流能力由于未能达到设计要求而导致电阻片发生热崩溃，导致了避雷器绝缘击穿。

根据 4p. u. 过电压选用的避雷器额定电压过低，在运行中将会加速电阻片的老化，需按照电容器极对地电压选取避雷器的持续运行电压。例如 35kV 电容器极对地的绝缘水平为 95kV（要注意部分老设备为 85kV），则折算后为 4.4p. u. ，避雷器主要技术参数应选择如下：

1）避雷器额定电压：$U_r \geqslant 1.25 \times 40.5 = 51kV$；

2）持续运行电压：$U_c \geqslant 40.5kV$；

3）操作波残压。电容器无操作耐受水平国家标准，其他设备一般按工频耐受 1.3 倍考虑，可计算得操作波耐受水平为：$1.3 \times \sqrt{2} \times 95 = 174kV$；

绝缘配合系数 K_s 取 1.3；

计算得避雷器操作波残压为 $U_c \leqslant 174/1.3 = 133kV$。

4）直流 1mA 参考电压。考虑 35kV 系统可能出现带接地故障运行 2h 运行方式，为解决避雷器老化和热稳定问题和减少在弧光接地及谐振过电压下的事故率，GB 11032 提高了并联补偿电容器避雷器的直流 1mA 参考电压，及防雷电流冲击等原因，35kV 电容器避雷器 $U_{1mA} \geqslant \sqrt{2} \times U_r = 57kV$；

5）方波通流能力。方波通流能力与电容器容量有关，由于 35kV 电容器组的电容量很大，根据运行经验，一般不小于 600A。

二、雷击避雷器故障

【案例 13】

（1）缺陷简介。

某年 8 月 21 日 18 时 39 分，南网某 500kV 线路遭受雷击线路开关跳闸，L2 相故障跳闸，重合闸成功。18 时 51 分线路断路器再次跳闸，重合闸后三相断路器加速跳闸。现场检查发现 L2 相避雷器放电计数器芯壳分离，计数器的接地铜排对避雷器支柱有放电痕迹，上节避雷器瓷裙有 5 片破损，中节避雷器瓷裙有 2 片破损，下节避雷器瓷套整体碎裂。

（2）诊断分析。

1）故障设备有关情况。

该组避雷器为瑞典 ABB 公司产品，型号 XAP 55081/444，1991 年生产，1992 年 9 月投运。其额定电压 U_r＝444kV，标称放电电流 20kA，该避雷器最大持续运行电压 U_c＝$(605/\sqrt{3})$kV，压力释放等级为 63kA。该相避雷器历年测试数据合格且稳定。当年 7 月，红外测温正常。

第一次跳闸时刻 35 号和 36 号塔附近有两次雷击记录，雷击电流为－20kA 左右，未超出避雷器压力释放等级指标。雷击点与故障录波器的测量距离均为 10.9km。现场查线暂未发现其他明显故障点。

第二次跳闸时刻线路未录得雷击记录，故障点测量距离为 0km，因此第二次跳闸由避雷器本体绝缘击穿引起。

2）避雷器检查。

对故障避雷器进行绝缘电阻测试：上节 19MΩ，中节 6.7MΩ。表明内部绝缘已受到破坏。

对避雷器进行解体检查：上、中节避雷器靠近排气口的瓷裙均有部分破损；上、中节避雷器的上、下端密封盖板变形，压紧密封胶圈的密封胶不够均匀，密封胶圈被熏黑，密封胶圈和密封垫的弹性良好，无老化的迹象。上节避雷器上、下均压环无烧损；两柱电阻片存在明显的偏心迹象。电阻片基本完整，全部电阻片侧面有明显的闪络痕迹，外层釉质已变色脱落。支撑电阻片的绝缘支架形状基本完好。瓷套内表面部分釉面龟裂脱落。中节避雷器下端密封盖板中央有受潮后的褐色痕迹，均压环下表面有直径约 10mm 的烧蚀点。电阻片基本完整，侧面被熏黑，两柱电阻片中有一柱全部与另一柱部分电阻片侧面有明显的闪络痕迹，外层釉质已变色脱落。支撑电阻片的绝缘支架破损。瓷套内表面釉面呈片状脱落。

下节避雷器瓷套已完全破碎。大部分电阻片完整，部分电阻片破碎主要是由机械损伤造成的，表面有闪络烧损和熏黑的痕迹，未发现内部击穿的电阻片，部分电阻片水平面有自外而内的放电痕迹。上、下端密封盖板破损变形，中央有因潮气侵入造成的褐色痕迹。密封胶圈弹性良好，无老化迹象，压紧密封胶圈的密封胶则受损严重。支撑电阻片的绝缘支架形状基本完好。避雷器内部的釉层因高温烧灼脱落，瓷壁起泡。

对其他两非故障相避雷器检测发现 L1 相中节避雷器与 L3 相上节避雷器局部放电量超标。进一步解体发现 L1 相中节避雷器两柱电阻片中有 3 片上表面喷金层脱落，L3 相上节避雷器下端密封盖板中央有怀疑因潮气侵入造成的褐色痕迹。

（3）小结。

本次故障是由避雷器内部绝缘击穿引起的。从中、上节避雷器下端密封盖板均发现积水锈蚀的褐色痕迹来看，密封受损导致潮气侵入及电阻片侧面釉质异常劣化。第一次跳闸中的雷电过电压加速了避雷器内绝缘的劣化，而下节防爆膜未能正确动作则造成瓷套炸碎。上、中节避雷器内部气体压力增大时压力释放正确动作，因此上、中节未发生瓷套炸碎。

【案例14】

（1）缺陷简介。

2011年6月，某站500kV乙线A相雷击故障。线路A相跳闸，重合闸不成功。现场检查发现，A相避雷器计数器损坏，三节避雷器外套无破损，压力释放动作。发现B、C相正常。500kV乙线故障前处于正常运行状态。其余线路均为正常运行状态。故障时为雷暴雨天气．现场无操作。

（2）诊断分析。

1）查阅出厂检验报告和历次试验报告数据，避雷器投运前后绝缘电阻、直流参考电压和泄漏电流试验和运行中带电测试数据均合格满足要求。

2）从外观看三节避雷器瓷外套无破损，各紧固件无缺失且连接良好。防爆膜均已冲破放压，导弧口处有电弧烧痕．与导弧口相对的瓷套釉面有电弧烧灼变色迹象。解体检查避雷器压环、密封环、密封圈、弹簧等零部件齐全。密封面、密封圈及密封胶粘接良好，无锈蚀痕迹。干燥剂包装袋高温烧毁，干燥剂散落于瓷套内。芯体烧蚀严重，表面发生闪络，但结构完整，上节电阻片数量为28片，中、下片电阻片数量均为25片。侧面釉有高温烧融现象。部分电阻片黏连在一起，个别电阻片端面边缘附近出现小孔击穿和剥裂现象。这是吸收能量过大的一种特征。绝缘杆被电弧烧灼后表层环氧材料分解，玻璃纤维裸露。

3）故障录波和雷电定位系统数据显示．在乙线跳闸后0.9s的重合闸间歇时间内，线路又遭受了重复雷击，此时线路断路器断开，雷电过电压在断路器断开处发生全反射。进入站内的雷电波幅值小于20kA，在避雷器耐受范围之内。

（3）小结。

本案例是避雷器在等待断路器重合期间又再次遭受雷击，两次雷击间隔的时间间隔不足1s，从而使避雷器在遭受多重雷击时吸收了大于其耐受能力的雷电冲击过电压能量，引起避雷器阀片热崩溃，进而导致避雷器A相故障。断路器重合后系统电压施加在故障避雷器上，产生系统短路电流导致避雷器内部产生电弧而压力释放。

三、主变压器10kV侧避雷器及电容器组避雷器复合故障

【案例15】

（1）故障简介。

某变电所10kV 116线路有接地故障，Ⅰ段母线电压U_a：2.4kV，U_b：10.1kV，U_c：9.3kV，拉开10kV某线116开关后母线电压U_a：1.83kV，U_b：10.2kV，U_c：9.38kV，经检查1号主变压器10kV侧A相避雷器和10kV乙组电容器A相避雷器损坏。其外观和解体情况分别见图3-26和图3-27。

(a)   (b)   (c)

图 3-26 主变压器 10kV 侧 A 相避雷器外观
(a) 装在桥排上；(b) 拆卸下；(c) 烧黑的电阻片

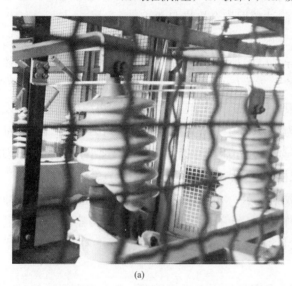

(a)   (b)

图 3-27 10kV 乙组电容器 A 相避雷器
(a) 安装位置；(b) 解体图

（2）检查诊断。

对该避雷器进行绝缘电阻试验，结果为 0，说明内部已有贯通性缺陷。解体发现内部绝缘筒已经全部炭化，内部氧化锌电阻片已经烧黑。

该变电所 116 出线有接地故障巡线时已确定，但是主变侧避雷器和电容器组避雷器却同时损坏。主变压器 10kV 侧避雷器型号为 HY5WZ-17/45，乙组电容器避雷器型号为 Y5WR-12.7/45，安装方式为相对地。该变电所 10kV 系统无消弧线圈或小电阻，属于完全不接地系统。所以当线路发生弧光接地时故障相和非故障相均可能产生较高的过电压，根据故障发生时初始状态的差异和不同的熄弧理论可知，在震荡过程中，故障相的过电压有可能高于非故障相。从安装位置上看，主变压器 10kV 侧避雷器和电容器组避雷器可以看作母线上电气距离不同的两组避雷器（实际上电气连接相通的所有避雷器只是对特定电气设备或某点的距离不同，也即每组避雷器的保护区域不同；当系统有冲击波时，可能有多台避雷器都会遇到，只是时间点和幅值会有所不同）。如果过电压不足以使电气距离较近的 116 出线避雷器和 I 段母线避雷器动作（一般避雷器不用于限制接地故障），而该两处的避雷器虽然距离较远，但由于性能问题却发生动作，就有可能使避雷器热崩溃。在本案例中，乙组电容器避雷器的额定电压偏低，按照现行标准额定电压应为 17kV，当发生弧光接地过电压时故障相最高电压可达 2 倍相电压，即 12~13kV，可导致该避雷器炸裂。而主变侧避雷器损坏的原因是电阻片性能下降，导致在弧光接地过电压下动作，承受不了长时间的能量释放，发生炸裂。

（3）小结。

本案例特别处在于两组避雷器同相同时损坏而母线及出线避雷器均未见异常，说明是典型的避雷器由于性能原因在操作过电压下误动引起损坏的故障。

四、消弧线圈避雷器故障

【案例 16】

（1）故障简介。

2014 年 7 月 27 日，某 110kV 变电所 10kV1 号接地变 F181 开关分闸，调换 A 相初级熔丝，并检查发现 1 号接地变中性点避雷器外绝缘破损，现场其他设备无异常，无异味。

（2）检查诊断。

解体发现电阻片已全部烧融在一起，包裹用的环氧筒也已烧坏，上下金属垫块有烧损，电阻片在中间部位断裂，见图 3-28。避雷器型号为 HY5WZ-17/45，持续运行电压 13.6kV，电阻片规格直径 32mm、高 22mm、2ms 方波电流 100A。

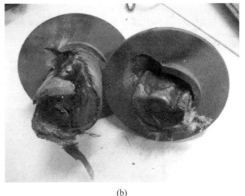

(a)　　　　　　　　　　　　(b)

图 3-28　故障消弧线圈避雷器解体图

（a）故障避雷器外观；（b）解体图

根据其现象可判断如下：

1）室内无异味说明不是当天损坏，甚至不是近期损坏；

2）损坏类型为热崩溃中的"击穿"，说明是有大电流在较长时间内流过；

3）大电流的产生原因为过电压，由于该避雷器正常情况下只有很低的电压，即使在单相接地故障下因为消弧线圈的因素，也只承受相电压的作用；因此过电压的产生据推测可能来源于主变压器落雷后在低压侧中性点产生过电压，或是消弧线圈在系统中发生谐振。另有一种特殊情况是由于消弧线圈的存在，有时反而会加剧弧光接地过电压，中性点处将达到 2.75 倍相电压，即 15～16kV。这几种过电压都有可能使避雷器受到损害，在累积恶性循环下，使避雷器性能越来越差，最终击穿。

这只避雷器在 2009 年进行过试验，各数据均正常。

查看该变电所 10kV 系统本年异常情况如下：

1.24，113 Ⅰ段过流动作，试送正常；

2.27，118 保护跳闸，重合成功；

3.11，115 保护跳闸伴随Ⅰ母接地，重合成功；

7.19，1 号接地变 F181 开关分闸，调换 A 相初级熔丝；

7.25，115 保护动作重合不成。

7.19 的现象与 7.27 高度一致，可认为此时该避雷器已损坏，至于损坏的具体时间点，已无法确认。

（3）小结。

此案例表明消弧线圈避雷器由于安装位置在正常情况下运行电压较低接近零，所以即使电阻片存在缺陷也不一定会立即反映出来。另外按照通常避雷器选型规则，消弧线圈避雷器的参数只要选择 6kV 电压等级的避雷器就符合要求，但是从实际情况并结合本例来看，在消弧线圈接地系统中，消弧线圈只是减小单相接地的建弧率，却并不一定能降低弧光接地过电压，而且各种过电压情况还是比较复杂的。在该处选择 10kV 等级，2ms 方波 100A 的避雷器还有可能发生问题，所以对该位置的避雷器的选择应同时考虑与被保护设备的绝缘配合以及避雷器本身的安全。

第五节　避雷器附件故障案例

一、均压环故障

【案例 17】

（1）故障简介。

7 月 11 日，6 时 07 分 220kV 某变电所 2 号主变压器差动保护动作跳开 2 号主变压器三侧开关，A 相差动电流 18.6kA，现场检查发现 2 号主变压器 220kV 侧 A 相避雷器爆炸，在中部断裂；均压环断裂掉落在地上，均匀环支撑排有锈蚀；泄漏电流表炸毁。故障时该地区为暴雨天气。现场及解体情况见图 3-29。

(a) (b) (c)

图 3-29　故障避雷器外观及解体图

（a）故障现场；（b）上节；（c）下节

1—断裂处；2—炸毁的泄漏电流表；3—掉落的均压环；4—放电点；

5—上节电阻片；6—下节电阻片

从解体图可见上节电阻片外观无异常；下节电阻片从上到下表面全部烧黑并有部分电阻片烧熔；上下节连接法兰圆角处有放电迹象。

（2）检查诊断。

该避雷器为某避雷器厂 1995 年 8 月产 Y10W-200/520 型氧化锌避雷器，1997 年 2 月投运，上次试验日期为 2009 年 5 月 3 日，试验结果正常；2012 年 3 月，红外精确测温正常，7 月 10 日，巡视抄录泄漏电流正常。调阅故障前各数据均正常，见图 3-30。

金属氧化避雷器绝缘电阻

相别		A			B			C		
节号		上	中	下	上	中	下	上	中	下
绝缘电阻（MΩ）	1.1本体	10000		10000	10000		10000	10000		10000
	1.2底座	5000			5000			5000		

金属氧化避雷器直流参考电压、泄漏电流

相别		A			B			C		
节号		上	中	下	上	中	下	上	中	下
直流1mA参考电压：（kV）		150.8		150.7	150.4		150.9	150.7		150.6
75%U1ma下的泄漏电流(μA)		13		14	13		12	12		13

金属氧化避雷器放电计数器指数

相别		A	B	C
放电计数器指数	试前	35	35	35
	试后	38	38	38

(a)

金属氧化避雷器总电流和阻性电流

设备名称	A				B				C			
	U(kV)	Ix(mA)	Ir(mA)	Ir/Ix%	U(kV)	Ix(mA)	Ir(mA)	Ir/Ix%	U(kV)	Ix(mA)	Ir(mA)	Ir/Ix%
	0.719	0.136	19		0.722	0.136	19		0.740	0.139	19	

(b)

图 3-30　历史试验数据（一）

（a）2009 年 5 月例行试验数据；（b）2012 年 3 月带电测试数据

漏电流数据一览

设备	时间 ▼	天气	电压	...	A相漏电流	B相漏...	C相漏
2号主变220kV侧避雷器	2012-07-10 16:30	多云	220		1.1	1.1	1.15
2号主变220kV侧避雷器	2012-07-06 09:22	晴	220		1.1	1.1	1.15
2号主变220kV侧避雷器	2012-07-03 09:42	晴	220		1.1	1.1	1.15

(c)

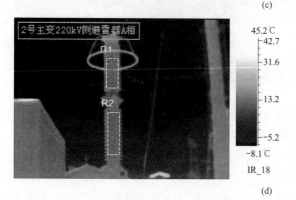

图像信息	值
辐射率	0.9
拍摄时间	2010-4-12 12:14:23
文件名	IR_18-SAT 05790.SAT
图形	值
R1:最高温度数据	19.9℃
R2:最高温度数据	20.0℃

(d)

图 3-30 历史试验数据（二）

(c) 泄漏电流抄录数据；(d) 2012 年 4 月红外测试图谱

根据各项数据并结合现场情况显见，本次故障应是均压环的某支撑排在恶劣天气条件下断裂，导致均压环下坠，缩短了与中间金属部件的距离从而引起之间短路或电弧，于是下节承受了远高于正常运行时的电压，甚至可能是全部电压，所以下节电阻片流过由短路（或电弧）电流和高电压在下节电阻片产生的过电流所合成的大电流，发生热崩溃，同时泄漏电流表在此大电流作用下炸毁；而上节避雷器由于被短路后承受电压小于正常运行电压，并且短路（电弧）电流并不经过上节电阻片，所以上节避雷器不受影响；短路电流的其他后果还包括支撑排与均压环连接熔断，使均压环掉落；中间连接处在放电电流和电阻片热应力的共同作用下发生断裂。

（3）小结。

避雷器在运行中发生短路除了均压环的原因外还有可能是飘带等异物造成，其特点一般是被短路的部分不受影响，承受短路后大电流的部分将发生热崩溃。

二、避雷器金具断裂

【案例 18】

（1）缺陷简介。

某年 5 月 3 日，某 500kV 线路两侧开关 B 相跳闸，重合不成功跳三相，后强送成功。事故后，查询雷电定位系统在线路跳闸时刻前后线路两侧 3km 范围内无雷电活动，由此可排除雷击故障跳闸的可能性。

线路勘察发现某号转角塔 B 相运行的线路避雷器从塔身往下中节与下节在连接处断

开，下节连同避雷器本体、均压环从跳线外侧下落垂吊在跳线上，避雷器均压环与塔身最近处水平距离不足 4m，均压环对应塔身处有被电弧灼伤的痕迹。塔下散落有大量的避雷器电阻片，电阻片亦有放电痕迹。跳线间隔棒一个被扭坏，其中两根导线分别被电弧灼伤 3 股和 5 股铝线。

（2）诊断分析。

1）避雷器的检查及试验。

避雷器型号为 YH20W-444/1106，已运行 2 年。期间每年在雷雨季节前后进行登塔检查，共检查 5 次，最后一次登塔检查是当年 4 月，未发现异常情况，避雷器动作次数为零，避雷器外观没有发现异常现象。

2）避雷器损坏情况。

事故相避雷器上节、中节避雷器外观良好，上节避雷器与铁塔连接的瓷质绝缘子有放电痕迹，表面釉层脱落，避雷器计数器内腔及整体烧坏发黑，动作次数指示为"401006"；下节避雷器有明显的放电烧伤痕迹，芯棒和两端金具端部连接良好，避雷器球头及芯棒仍与均压环连接，避雷器本体一端（环氧筒及绝缘外套、电阻片）沿芯棒方向甩出 70cm，中间电阻片烧熔散落，另一端表面有电弧灼烧痕迹。对发生故障的下节避雷器本体进行切割检查，其环氧筒和绝缘外套结合完好。中节与下节避雷器电气软连接的连接面为铜铝直接过渡，有一层明显的氧化层。

3）事故相避雷器的试验。

对上、中节两个完整单元进行试验，包括直流 1mA 参考电压、$0.75U_{1mA}$ 下的电流、持续运行电压下的持续电流分量、局放、密封试验和负荷拉伸试验，结果与出厂值基本一致，符合标准要求。

（3）小结。

综合检查试验结果：事故相避雷器芯棒与两端连接构件连接完好，断裂点位于端部构件中部，端部构件为一倒伞形结构，断裂点为构件中的应力最为集中处，是整个结构的薄弱环节。但该处直径为 17cm，设计载荷有 100kN，而实际负荷小于 4kN，所以正常情况下完全满足应力要求。解剖后发现该处有明显的锈迹（破坏后被氧化），整个断裂为明显的塑性变形，断裂截面有一个由大变小直至断裂的过程。所以运行中避雷器的泄漏电流流经避雷器本体，在断裂点处发生电化学腐蚀，构件在长期电化学腐蚀下截面减小，机械强度降低，是避雷器断裂的主要原因。

三、避雷器底座断裂

【案例 19】

（1）故障简介。

某年 8 月 12 日凌晨，雷阵雨天气，某 220kV 变电站 220kV 母差动作，切除母联断路器。现场检查发现，220kV I 母线 V 相避雷器底座断裂，引线倒置在金属网栏上造成 V

相接地；三相避雷器在线监测装置外接二次电缆熔断；220kVⅠ母线三相避雷器计数器动作均增加了 1 次。

220kVⅠ母线避雷器为 Y10W-200/520 氧化锌避雷器，额定电压为 220kV，标称放电电流为 10kA。

（2）诊断分析。

1）对 220kVⅠ母线、TV 及避雷器进行检修，经检查除 V 相避雷器断裂损坏，U、W 相避雷器无明显损坏迹象。

2）根据故障期间录波及采集数据进行分析，故障前系统正常；故障后 5 个周波期间该变电站 220kV 系统承受了大约 1.57 倍 U_e（127kV）的过电压。

3）避雷器电气试验数据分析。

220kVⅠ母线避雷器每年预试 1 次，未见异常。将当年 3 月停电预试数据与故障后避雷器绝缘电阻、直流 1mA 电压值、75%U_{1mA}下的泄漏电流等试验数据进行了对比分析，数据无明显变化，均不超过试验标准值，可见三相避雷器电气性能在故障前后一致。在故障当年 3 月，220kVⅠ母线避雷器进行接地导通试验合格。

4）现场解体 V 相避雷器检查分析。

V 相故障避雷器底座整个断面磁质颜色偏暗中间存在黄色夹心层，而将同组完好避雷器 U 相底座瓷套砸断进行对比，发现 U 相瓷套从内到外瓷断面颜色光亮一致，呈玉白色无夹心层。因此初步判断该相避雷器底座瓷套材质不良，机械强度不足。

瓷套内部存在的黄色夹心层为烧成缺陷，结构疏松，机械强度低，易在运行中产生裂纹，最终导致失效断裂。产生这种断裂的主要原因为烧结前坯体存在铁杂质，烧结中难以扩散形成"黄心"。

（3）小结。

综合以上各种数据分析和解体检查情况判断，雷击造成三相进波，雷电冲击波到达母线避雷器时，三相计数器动作。同时放电电流产生的巨大电动力导致存在缺陷的 V 相避雷器底座瓷套断裂，引起 220kVⅠ母线接地故障。

对于有缺陷的底座瓷瓶，可根据情况进行超声波探伤检测。在进行该项试验时注意对不同的缺陷类型应选用合适的方法，提高检测的准确性。

四、避雷器支柱绝缘子开裂

【案例 20】

（1）缺陷简介。

运行巡视发现某 110kV 避雷器泄漏电流不平衡，A 相为 0.48mA、B 相为 0.35mA、C 相为 0.40mA，湿度在 80% 左右。三相电流表正常时均为 0.6mA，相比均偏小。

（2）检查诊断。

现场检查试验情况如下：

1）外观检查。检查良好；

2）现场进行带电测试，数据与泄漏电流表指示一致，说明表计正常；

3）交直流试验。试验数据与交接时数据无明显差异；

4）对避雷器施加运行电压。表计指示情况同实际运行时一致，还是偏小及不平衡。

以上试验结果可以排除避雷器、屏蔽环、泄漏电流表及其他接触不良的可能性，至此所有试验项目均已完成，但未找到泄漏电流偏小的原因。

根据现场接线情况，显见由于连接引排比较长，中间部位对地装了一个小的绝缘子起固定作用，安装示意图见图3-31，分析可能是由于此绝缘子影响，对绝缘子进行试验，结果发现三个绝缘子绝缘电阻均偏低，在潮湿天气中表面泄漏引起了分流，情况类似于底座绝缘不良。

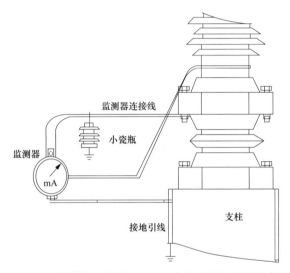

图3-31　监测器（泄漏电流表）支持小瓷瓶安装示意图

（3）小结。

该缺陷中三相同时出现了问题，所以应首先考虑为共性问题引起，其次避雷器底部与泄漏电流表之间的连接应尽量避免装设额外的器件，像小绝缘子由于爬距小，在天气潮湿时绝缘电阻会降的很低；对于必须要安装的支撑绝缘子应选择爬距合适的，以确保起到绝缘支撑作用。

五、泄漏电流表回路故障

【案例21】

（1）缺陷简介。

某变电所110kV进线避雷C相泄漏电流表在运行中指示接近0，其他两相为0.6mA，显示正常。该避雷器安装在GIS内，避雷器泄漏电流表安装在GIS外，如图3-32所示。

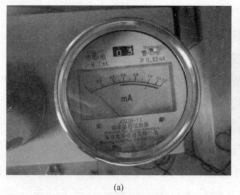

(a)   (b)

图 3-32　避雷器泄漏电流表缺陷图

(a) C 相泄漏电流指示接近 0；(b) GIS 至泄漏电流表三相引出线（从左至右依次为 C、B、A）

（2）检查诊断。

测试运行中避雷器的泄漏电流时三相的总电流和阻性电流等各项参数均无明显差异，说明避雷器没有问题，所以怀疑是泄漏电流表故障。

更换泄漏电流表后故障依然存在，校验换下的泄漏电流表该表一切正常，说明也不是表计的问题。

打开泄漏电流表背面的引线柜，可以看到引线与 GIS 气室中的避雷器间通过小的穿墙套管连接见图 3-29b 黑圈中，如果一个绝缘对地缺陷存在于小套管上或是避雷器至泄漏电流表回路中的其他位置，则将会分流本应进入泄漏电流表的电流，从而导致表计指示值的不正常。该回路在 GIS 外部的部分可以直观的检查到，而涉及 GIS 气室内部的部分需要打开气室才能进行检查。经检查外部回路没有缺陷存在，所以缺陷一定在气室内部。

进一步分析缺陷产生的可能原因：一是套管有裂纹；二是套管本身没有问题但是回路中有金属颗粒等物质在运行中恰巧造成对地短路；三是其他原因造成对地绝缘降低。如果是前一种情况就需要对避雷器气室进行解体处理；如果是第二种情况可以先尝试通过震动驱离颗粒或加一个适当的电流使其烧毁。

当使用雷击计数器校验棒给回路加了一个冲击电压后，故障就消失了。过后两年该缺陷又再次发生，用同样的方法消除了缺陷。据此推断是第二种原因造成的。

（3）小结。

本案例中该缺陷可以分流泄漏电流表的电流，却对带电测量数据不能造成影响，是因为这三者的阻抗不同所致，其中泄漏电流表的阻抗最大，试验仪器的阻抗最小，缺陷对地阻抗在两者之间，而且互相间的数量级相差较大。其中测量泄漏电流表正常运行时的对地电压大概为几伏至十几伏再除以泄漏电流值可得其阻抗在正常运行时为千欧级。本案例中缺陷对地阻抗数值不可知，但远大于仪器阻抗是一定的，如果其与仪器阻抗接近则带电测量值也会与其他两相不一致，将极有可能误判为避雷器故障。因此对装在 GIS 内的避雷器缺陷下结论时需慎重。

六、脱离器缺陷

【案例 22】

（1）缺陷简介。

110kV 某线路 N1 电缆终端塔 A、B 相避雷器的脱离器引线在几个月内连续发生脱落，并对跳线产生放电，见图 3-33。

（2）诊断分析。

对拆下的避雷器进行复检，发现避雷器的几个主要参数与出厂时相比变化不大，判定避雷器是合格的。经观察该脱离器的断裂碎片，发现内部有绿色铜锈，说明内置的铜电极有生锈现象，也就是说脱离器在脱开之前就已经因为密封不严而受潮，所以避雷器脱离器引线脱开属非正常脱开。

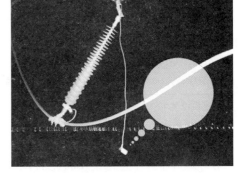

图 3-33　连接线脱落对跳线的放电现象

而脱离器的安装方式存在缺陷，脱离点靠近导线，当脱离器脱开时引起引线对跳线放电。所以在脱离器安装方式的设计上，须考虑避免脱离器正常动作或非正常脱落时，脱离器的引线等部件与邻近设备的绝缘距离不足而引起放电和跳闸现象。

（3）小结。

本案例中脱离器的非正常动作是一个因素，而更重要的是安装时未能保证脱离器动作后断开点有安全、明显的绝显的绝缘距离。所以对于具体的安装方式，应全面考虑各种可能情况下的安全条件，并采取有效的措施，以保证脱离器在正常、特别是动作或故障状态下均能确保避雷器和系统的正常运行，避免高压通过故障的避雷器与地之间发生短路事故。

脱离器与避雷器组成一体的为热熔式，热爆式的脱离器一般可与避雷器分离。在实际运行中如果发现脱离器脱落不一定是避雷器故障，常见的反而是脱离器本身的故障。脱离器产生故障的常见原因有：

1）外壳质量不佳。外壳一般为工程塑料，由 ABS 塑料制成。为使脱离器动作灵敏，外壳的机械强度较低。所以在户外使用时易发生龟裂、起壳等缺陷，从而使密封破坏，潮气进入后产生水锤效应使脱离器掉落而热爆管并未炸开。

2）机械强度不足。有些脱离器安装后承受正常扭矩时内部间隙结构和尺寸会发生变化，电气性能也会受到影响。

3）动作电流设置太小而不可控，仅在 mA 级电流下避雷器未损坏即发生脱离。

4）间隙流经大电流后被烧毛而短路，从而拒动。

当脱离器正确动作后再对避雷器进行检验，则其直流参数可能与正常时相差不大，但是交流参数会发生较大变化，表明阀片已劣化，所以在这种情况下如只进行直流试验而未进行交流试验则有可能发生误判，一旦投运将造成避雷器损坏。所以当脱离器动作后应谨慎判断避雷器状态。

根据 GB 11032—2010《交流无间隙金属氧化物避雷器》的规定，结合脱离器的使用特点，脱离器应具备以下几点基本技术要求：

1）脱离器的正常使用条件应与避雷器相同。

2）当避雷器出现故障时（严重受潮、电阻片老化以及短路），脱离器应具有良好的动作特性，即安秒特性，能够及时、准确、可靠动作，以避免事故扩大（脱离器的安秒特性见表 3-16）。

表 3-16 脱离器的安秒特性

工流电流值（A）	0.05	0.5	5	20	200	800
脱离时间（s）	100	50	0.5～1	0.1～0.2	0.02～0.05	0.01～0.05

3）避雷器处于正常工作状态时，脱离器不应动作，即避雷器在持续运行电压和各种过电压冲击下，脱离器不应误动作，应具有与避雷器相同的冲击电流耐受能力（脱离器的冲击电流耐受能力见表 3-17）。

表 3-17 脱离器的冲击电流耐受能力

冲击电流波形及电流值	2ms 方波电流，600A	$4/10\mu s$ 大电流，100kA
是否脱离	不脱离	不脱离

七、防爆膜缺陷

【案例 23】

（1）缺陷简介。

在对某线路避雷器例行试验时，发现 B 相避雷器上节试验数据异常。该设备为抚顺电瓷厂 2004 年生产，型号为 Y10W1-204/532W。为分析试验数据异常原因，对该避雷器进行解体检查分析。

（2）诊断分析。

该避雷器停电例行试验数据见表 3-18，B 相上节 $75\%U_{1mA}$ 下泄漏电流明显超标，查询之前该避雷器泄漏电流巡视记录、红外测温记录及泄漏电流带电测试记录，均无异常。

解体分析前，在实验室对 B 相避雷器上下节进行直流参数测量，包括绝缘电阻、直流 1mA 下的参考电压 U_{1mA} 和 $0.75U_{1mA}$ 下的泄漏电流，试验数据见表 3-19，上节 1mA 直流参考电压降低，0.75 倍参考电压下泄漏电流明显超标。

表 3-18 避雷器停电例行试验记录

相别		A 相		B 相		C 相	
节号		上	下	上	下	上	下
绝缘电阻（MΩ）	1.1 本体	25000	25000	2000	25000	25000	25000
	1.2 底座	5000	5000	5000			
直流 1mA 参考电压（kV）		154.3	154.1	153.1	153.6	154.1	154.0
75%U_{1mA} 下泄漏电流（μA）		25	10	250	18	18	12

表 3-19 解体前 B 相避雷器试验结果

序号	试验项目	正常 B 相氧化锌避雷器	
		上	下
1	绝缘电阻（GΩ）	2.24	4.98
2	直流 1mA 参考电压（kV）	127.6	154.6
3	I75%U_{1mA} 泄漏电流（μA）	623	24

注 试验环境：天气：阴；环境温度：10.6℃；相对湿度：83%。

为进一步分析避雷器试验数据异常原因，对 B 相避雷器上节（异常）、下节（正常）进行了解体分析：

1) 上节避雷器上端法兰防爆膜盖板外侧部分有锈迹（见图 3-34），内侧清洁、无明显锈迹。防爆膜结构完整，无锈蚀痕迹［见图 3-35（b）］，四周压接部分油漆脱落，未见明显松动、压接不到位情况，密封板和密封圈完好。

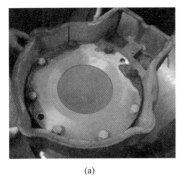 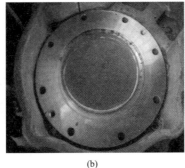 

（a） （b） （c）

图 3-34 上节避雷器（异常）防爆膜

（a）防爆膜盖板；（b）防爆膜外侧；（c）防爆膜内侧

2) 上节避雷器（异常）下端法兰防爆膜盖板无明显锈蚀痕迹，防爆膜未压紧，用手触摸，防爆膜松动且有明显缝隙（见图 3-35），说明上节避雷器下端防爆膜盖板未将防爆膜压紧。

3) 上节避雷器下端密封板和密封圈结构完好，但法兰防爆膜四周挤压痕迹不完整，仅四分之一圆周存在油漆脱落现象和挤压痕迹，与其他压紧的防爆膜（如上端法兰防爆膜等）对比，其四周均存在油漆脱落并留下完整挤压痕迹，说明上节避雷器下端防爆膜四周边缘未受力，存在缝隙，见图 3-36。

4）上节避雷器隔弧筒及电阻片结构完整，电阻片下端支撑管严重锈蚀，如图 3-37 所示，说明上节避雷器在运行过程中内部有潮气进入，导致内部受潮，金属支撑管锈蚀。

5）避雷器上下节均装有干燥剂，上节避雷器干燥剂大部分颗粒因吸潮变色，见图 3-38，说明避雷器运行过程中内部有潮气进入。

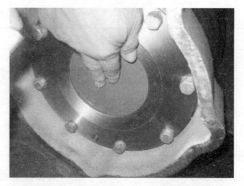

图 3-35　上节避雷器下端防爆膜缝隙

(a)

(b)

图 3-36　防爆膜压接痕迹

（a）上节下端法兰防爆膜；（b）上节上端法兰防爆膜

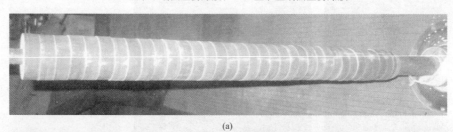

(a)

(b)

(c)

图 3-37　缺陷避雷器氧化锌电阻片及金属支撑管

（a）上节避雷器电阻片整体结构；（b）上节避雷器支撑管；（c）下节避雷器支撑管

（3）小结。

综合上述试验数据、解体情况，对试验数据异常原因分析认为避雷器试验数据异常是由于内部受潮引起。由解体检查可知，上节避雷器内部金属支撑管严重锈蚀、干燥剂吸潮后变色，说明有潮气进入，导致内部受潮。内部受潮是由于防爆膜未压紧造成。

避雷器内部通过密封板、密封圈、防爆膜、盖板与外界隔离，防爆膜在密封板和盖板之间。分析认为该避雷器防爆膜安装工艺存在

图 3-38　上节避雷器内干燥剂吸潮变色情况

问题，上节避雷器下端盖板各螺栓未按统一力矩要求拧紧，导致防爆膜四周未压紧，存在缝隙，使水气进入腔体内部，避雷器在运行过程中内部受潮引起试验数据异常。

措施及建议：

1）对与故障设备同批次的避雷器进行核查，必要时进行更换。

2）对在运的该厂生产的避雷器开展全电流和阻性电流带电测试工作，测试结果异常的避雷器应尽快进行更换。

3）对在运的避雷器，发现泄漏电流指示发生变化时，应开展全电流、阻性电流测试。

第六节　试验诊断避雷器缺陷的有效性

从前面的案例可见，避雷器系统的故障不一定是避雷器本身缺陷所引起的，因此例行试验项目只能发现避雷器本体已存在的受潮、老化、劣化等会引起电流、电压参数变化的缺陷，而对于因外部突发故障造成避雷器损坏的情况则无法完全避免。目前的试验方法在检测某些缺陷方面已相当成熟，所以在运维中应注意对这些方法的应用，加强对数据的判断分析能力。特别是对一些不常见的缺陷，可以根据设备结构分析产生的原因，选择试验方法、制定试验方案、设计试验步骤，通过逐步缩小缺陷范围来找出问题所在。灵活运用各种试验手段解决实际问题是对试验诊断的根本要求，我们在现场可以进行如表 3-20 所示的一些试验来判断缺陷的部位和性质。

表 3-20　　　　　　　　　　现场常用避雷器缺陷诊断试验方法

序号	试验项目	是否停电	试验结果	试验结果的判断
1	带电测试	否	与泄漏电流表指示一致	泄漏电流表损坏
			与泄漏电流表指示不同	非泄漏电流表原因
2	红外测温	否	避雷器温度异常	避雷器本身劣化； 外部泄漏电流较大； 其他原因
			避雷器温度正常	避雷器异常还未引起温度显著变化； 其他原因

序号	试验项目	是否停电	试验结果	试验结果的判断
3	直流试验	是	试验结果异常	天气、环境影响；避雷器本身劣化
			试验结果正常	其他原因
4	交流试验	是	试验结果异常	天气、环境影响；避雷器本身劣化
			试验结果正常	其他原因
5	绝缘电阻	是	试验结果异常	避雷器本身劣化；底座或回路中其他绝缘器件绝缘下降
			试验结果正常	其他原因

以上的试验项目均有其不足之处，不停电试验有时无法确认是否是避雷器缺陷；而检查避雷器则必须停电后才能试验；对于外部连接方面的问题以上试验项目都无法有效检出。

在现场一般靠目测检查外观及连接，然后进行不停电的试验，根据这些结果进行判断处理。但是不停电试验并不能确定所有缺陷，因此很多时候仍需要进行停电试验以便确定或确认缺陷。

另外还需注意：系统相电压差别大小；三相避雷器型号、厂家、批次是否有差别；交接及历次试验数据三相间是否存在较大差别等问题。

第四章

避雷器故障诊断新技术

目前金属氧化物避雷器的带电测试主要是基于泄漏电流效应的红外热像及各电流分量的监测，当对数据有怀疑时需进行停电试验加以验证确认。各种带电测试和在线监测方法已能较有效的发现能导致持续运行电压下泄漏电流会变化的缺陷，但对避雷器伏安特性曲线拐点以后的性能无法直接监测，因此对避雷器在过电压下的动作性能是否改变不能实时掌握。停电试验虽然能判断避雷器的动作性能，但需要将避雷器定期停电才能进行，对某些特殊位置的避雷器来说停电比较困难。

第一节 在线监测简介

避雷器在线监测是最近几年运用到生产中的新技术，可对设备各参数进行实时监测，对数据变化趋势进行判断，及时发现设备缺陷，减轻人员劳动强度。从目前应用看，避雷器的在线监测技术还是比较可靠的。

1. 在线监测原理

避雷器在线监测主要还是监测电气参数，所以它的核心在于通过传感器精确测量避雷器的电流电压信号，再将其转换为数据信号进行预处理，通过通信接口传至主机，并实现存储、报警等功能[16]。而信号采集部分与带电测试项目类似，有几种不同的方法，包括全电流法、三相接地电流法、电容电流补偿法、基波阻性电流法等。

通信可采用有线方式和无线方式，将避雷器运行参数、漏电流大小，动作次数、动作时间等随时传输主控室。有线传输型接线见图 4-1。

无线传输型是将无线模块内置避雷器在线监测中，利用避雷器泄漏电流产生能量给电源模块储存并给无线模块供电，也可以使用太阳能供电方式，外置无线天线将数字信号发送至控制室，一般可实现传输距离 500m 以上。对远距离和穿墙要求严格以及传输采集数据频繁的必须使用大功率发送模块和太阳能供电以保证其传输可靠性。在变电站也可以设置中继站增加传输距离。

2. 在线监测装置要求

金属氧化物避雷器绝缘在线监测装置的基本功能有：

（1）能连续实时或自动周期性对全电流、阻性电流、运行电压等参量进行测试。

（2）具有故障报警功能（数据超标报警、测试功能异常报警、信号回路异常报警等）。

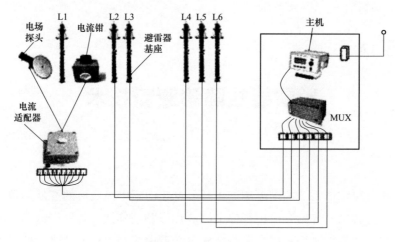

图 4-1 在线监测图

（3）与计数器并联接入的在线监测装置，不能影响计数器的功能，同时要满足计数器雷电冲击水平的要求。回路导线最小截面积≥4mm²，材质为多股铜导线，并进行通流能力及雷电冲击试验。

（4）与计数器串联接入的在线监测装置，应满足避雷器通流容量，材质宜采用多股铜导线，并进行通流能力校验。

在线监测装置的主要技术指标见表 4-1。

表 4-1 金属氧化物避雷器绝缘在线监测装置技术指标

检测参量	测量范围	测量误差范围
全电流	$100\mu A \sim 50mA$	±（标准读数×5％＋5μA）
阻性电流	$10\mu A \sim 10mA$	±（标准读数×5％＋5μA）

3. 在线监测装置的检测要求

为了保证在线监测装置的正常运行，需对其进行检验和测试，这些检测类型和检测项目见表 4-2。

表 4-2 金属氧化物避雷器绝缘在线监测装置专项检测项目

试验项目 \\ 检测类型	型式试验	出厂试验	入网检测试验	现场试验
测量误差试验	必做	必做	必做	必做
接入安全性试验	必做	可选	根据客户需要	可选

（1）型式试验的要求。

1）新产品定型、投运前；

2）连续批量生产的装置每四年一次；

3）正式投产后，如设计、工艺材料、元器件有较大改变，可能影响产品性能时；

4）产品停产 1 年以上又重新生产；

5）出厂试验结果与型式试验有较大差异时；

6）国家技术监督机构或受其委托的技术检验部门提出型式试验要求时；

7）合同规定进行

（2）出厂试验。每台设备出厂前，必须由厂家检验部门进行出厂检验。

（3）入网检测试验。是对待挂网运行的设备进行的检测。

（4）现场试验。现场试验由现场运行单位或有资质的检测单位在现场对装置进行的检测，一般在以下几种情况下需进行该试验：

1）正式投运前；

2）对装置进行的例行校验；

3）怀疑装置有故障时。

第二节　在线监测装置检测方法

采用在线监测的目的是实时准确监测避雷器的电流，但是在线监测装置本身也有可能发生故障，所以当在线监测显示的数据有异常时应先排除装置本身的故障，再结合其他试验手段确定避雷器的缺陷。一般，监测装置在投入运行之前和运行 1～2 年之后，应进行一次简易的现场检测。下面对常见的检测方法简单介绍。

1. 电流检测

可采用隔离可调稳压电源，在电源输出端串接固定电阻（R）、可变交流电阻箱（RX）、0.5 级的数显电流表，对被测监测器进行电流特性检验，检验方法按国标计量检定规程 JJG 124—1993《电流表、电压表、功率表及电阻表检定规程》规定。监测器监测电流检测电路如图 4-2 所示。

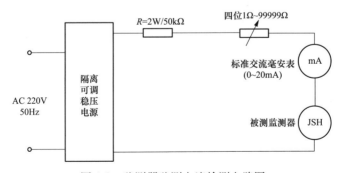

图 4-2　监测器监测电流检测电路图

2. 计数动作检测

（1）用 1：1 隔离变压器在输入端接上交流 220V 电源，输出端一端接被测监测器接地端（外壳），另一端用绝缘导线短时碰一下瓷套上的接线端，此时动作计数器指针会步进一位，则每碰一下即步进一位。试验人员可按此方法进行调零，也可以把计数器上指示的数字作为记录的起始基数，累计避雷器的动作次数。此项工作也可用避雷器在线监测器综合校验仪用来校验。

（2）监测器投入运行后，记录电流表的读数，便于对监测器将来定期巡视记录的读数时进行对比、分析（避雷器表面状况与泄漏电流有很大关系，数据分析时应注意）。

（3）从线路卸下监测器时，应先用导线将监测器的接线端可靠接地，以保证安全。然后拆下监测器，检修完毕后，经检测合格后才能复装，再把接地导线拆掉。

（4）安装时注意监测器接线端的引线拉力一般不大于 100N，接线板上的螺栓严禁随意松动，以免破坏监测器的密封性能。

（5）避雷器在线监测器观察孔上的玻璃有灰尘影响观察时，可用布或纸擦去灰尘。监测器玻璃内若发现有大量小水珠，说明监测器密封性能已遭破坏，应更换处理。

（6）若电流表指针值偏低或无指示值，有可能是避雷器的底座绝缘下降或被短路，如不是上述原因所造成，则是监测器的质量问题，需更换监测器。

（7）监测器投入运行中，观察各相监测器毫安表指示是否基本一致，要求运行人员在巡视时，注意观察及时记录，一旦发现毫安表指示异常，以及个别相监测器红色发光管发亮，要及时向有关方面反映（可参考本书第二章介绍的流程进行分析处理）。若在雨天及大雾天，没有安装屏蔽环的避雷器，监测器中毫安表指示一般会增大，红色发光管全部发亮，说明是瓷套外的泄漏电流增加所引起。

（8）当运行电网电压有波动时，监测器中的电流表指示值都会有少许变化，这是正常的。

第三节　缺陷诊断新技术展望

避雷器内部的温度主要受 MOA（见附录 C）能量吸收能力和老化或受潮导致的能量损耗的影响。正常运行条件下能量吸收远大于其能量损耗，所以其内部温度变化很小；出现过电压时，温度可能会暂时上升，但会慢慢恢复。在老化或受潮时，温度会缓慢上升。虽然测量温度不是一种了解运行状态的直接方法，但温度会影响 MOA 运行状态的参数，在持续运行电压下 MOA 的过热直接与能量损失相关，而与运行电压的质量和外界的干扰无直接关系。因此如果能获得避雷器内部的准确温度就能及时掌握避雷器运行状态。但将温度传感器放在避雷器内部，会使避雷器的密封变得困难，且一个传感器不能获得整个避雷器各个部位的准确温度。

目前国外开发出一种无源声表面波（SAW）温度传感器，其在线监测系统原理如图 4-3 所示。由振荡器发出高频信号，再由放在电阻片间的传感器接受该信号并反射出带有温度信号的信号，再由现场接收装置收集该高频信号，经数字处理参照环境温度后得到相应的温度波形。

无源 SAW 传感器一般做成电阻片形状，放在 MOA 中部的电阻片间。其发射和接受信号为特高频，所以受现场干扰较少，且可监测到 MOA 表面严重污秽时泄漏电流导致的过热。

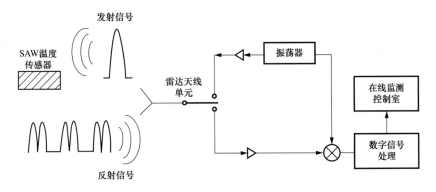

图 4-3　基于 SAW 的 MOA 电阻片温度在线监测系统

第五章

避雷器缺陷及故障的处置

通过巡视、试验、带电检测及在线监测等技术和刮泥手段一般能及时发现避雷器缺陷，但并不能杜绝避雷器设备事故的发生，本章主要对避雷器设备的缺陷、缺陷的处置及故障处置的预案提出一些意见和建议，供读者参考。

第一节 避 雷 器 缺 陷 的 管 理

1. 避雷器缺陷分类

避雷器缺陷应分为一般缺陷、严重缺陷、危急缺陷三种类型。运行单位应做好异常及缺陷记录并根据缺陷的危险程度及系统的运行情况分别采取措施。

（1）一般缺陷是指避雷器设备的缺陷尚不严重，不会或短时内不会危及到避雷器安全运行的异常情况。如避雷器放电计数器的破损或不能正常动作；基座绝缘下降；瓷外套积污并在潮湿条件下引起表面轻度放电，伞裙的破损；硅橡胶复合绝缘外套的憎水性下降；引流线或接地引下线轻度断股，一般金属件或接地引下线的腐蚀；充气并带压力表的避雷器，压力低于正常运行值等。

（2）严重缺陷是指避雷器设备的缺陷比较严重，短时内有可能会危及避雷器安全运行的异常情况。如避雷器试验结果异常，红外检测发现温度分布异常，泄漏电流在线监测装置指示泄漏电流出现异常；瓷外套积污严重并在潮湿条件下有明显放电的现象；瓷外套或基座出现裂纹；硅橡胶复合绝缘外套的憎水性丧失；均压环歪斜，引流线或接地引下线严重断股或散股，一般金属件的严重腐蚀；连接螺丝松动，引流线与避雷器连接处出现轻度放电现象；避雷器的引线及接地端子上以及密封结构金属件上出现不正常变色和熔孔等。

（3）危急缺陷是指避雷器设备的缺陷非常严重，随时有可能会危及避雷器安全运行的异常情况。如避雷器试验结果严重异常，泄漏电流在线监测装置指示泄漏电流严重增长；红外检测发现温度分布明显异常；瓷外套或硅橡胶复合绝缘外套在潮湿条件下出现明显的爬电或桥络；均压环严重歪斜，引流线即将脱落，与避雷器连接处出现严重的放电现象；接地引下线严重腐蚀或与地网完全脱开；绝缘基座出现贯穿性裂纹；密封结构金属件破裂等；充气并带压力表的避雷器，当压力严重低于告警值等。

2. 缺陷的处置原则

（1）一般缺陷的处置。对于避雷器的一般性缺陷，在发现当时能够处理的则当时进行处理，当时条件不具备而无法处理的可在条件具备后进行处理。但对于有可能进一步发展，在一段时间后影响避雷器安全运行的缺陷，应进行特殊巡视。

（2）严重缺陷的处置。对于避雷器的严重缺陷，在发现当时能够处理的则应及时进行处理，当时难以停运而无法处理的应尽快与调度部门联系安排停运进行处理。在安排设备停运前或缺陷未能消除即需投入运行的，运行单位还应加强特殊巡视。

（3）危急缺陷的处置。对于避雷器的危急缺陷，在发现时应迅速进行处理，对于运行中的避雷器应立即与调度部门联系安排停运。

3. 缺陷的处理办法

避雷器缺陷的处理办法如表 5-1 所示。表中，整体更换是指对避雷器进行更换。需更换的避雷器如存有与之相同型号的经试验合格的备品，可直接进行更换。如所使用的备品不能完全满足长期安全运行的所有条件时，则应尽快根据避雷器的选型、订货要求重新购置。更换后的避雷器应送试验室做进一步分析。

表 5-1 避雷器缺陷的处理办法

缺陷部位		缺陷的处理方法		
		一般缺陷	严重缺陷	危急缺陷
放电动作计数器		更换	—	—
绝缘基座	绝缘	检修	—	—
	裂纹	—	特殊巡视、更换	更换
瓷绝缘外套	积污	检修	检修	检修
	裂纹或破损	—	整体更换	
本体试验、泄漏电流在线监测		—	特殊巡视	整体更换
一般金属件、引流线接地引下线、连接件		检修	检修或更换	检修或更换
均压环		—	检修	检修或更换
端子及密封结构金属件			特殊巡视	整体更换
充气压力		检修	检修或整体更换	整体更换

缺陷处理完毕后，无论缺陷是否消除，都应对缺陷的处理方法及缺陷的消除情况在设备的缺陷处理及消缺记录中进行详细记载。

第二节 避雷器故障处置预案

1. 一般原则

避雷器设备发生故障后，运行人员在初步判断了故障的类别后立即向上级主管部门报告。运行单位在接到避雷器故障或事故报告后，在迅速组织抢修和故障的调查的同时向上级主管单位的安全、生产管理及技术监督部门报告。设备档案应立即封存，以备故障调查。调度部门在故障或事故发生后应合理安排系统运行方式，尽可能将因避雷器故障造成的停电范围及损失降至最小，同时给故障的调查和抢修工作留出必要的时间。避雷器的故障主要包括：避雷器爆炸及阀片击穿或内部闪络、避雷器外绝缘套的污闪或冰闪、避雷器断裂、引线脱落等四类。避雷器故障或事故的处理应根据不同类型分别对待。

2. 避雷器爆炸及阀片击穿或内部闪络事故的处理

（1）运行人员的职责。运行人员到达现场后应在初步判断事故的类别，判断事故相别，巡视避雷器引流线、均压环、外绝缘、放电动作计数器及泄漏电流在线监测装置、接地引下线的状态后向上级主管部门汇报。对于粉碎性爆炸事故还应巡视事故避雷器临近的设备外绝缘的损伤状况。在事故调查人员到来前，严禁运行人员接触事故避雷器及其附件，对于粉碎性爆炸，运行人员不得擅自将碎片挪位或丢弃。

（2）事故的处置。事故调查人员到达事故现场后在对事故避雷器做初步的检查试验并留下现场影像资料后，检修人员开始拆除事故避雷器的工作，事故避雷器拆除后应送试验室做进一步的分析。对于变电所内安装的避雷器，试验人员应按照预试规程对所内与事故避雷器有直接电气联系主变压器、TV、断路器、TA 及非故障相避雷器进行试验检查。

（3）恢复运行的要求。如存有与事故避雷器相同型号的经试验合格的备品，在备品安装完毕经验收合格后，对于线路用避雷器，即可恢复运行；变电所内与事故避雷器有直接电气联系的设备及非故障相避雷器经试验检查无异常时，可恢复运行。

3. 避雷器外绝缘套的污闪或冰闪事故的处理

（1）运行人员的职责。运行人员到达现场后应在初步判断事故的类别，判断事故相别，巡视避雷器引流线、均压环、外绝缘、放电动作计数器及泄漏电流在线监测装置、接地引下线的状态后向上级主管部门汇报。在事故调查人员到来前，严禁运行人员清擦事故避雷器绝缘外套。

（2）事故的处置。事故调查人员到达事故现场后应先对事故避雷器留取影像资料，然后对避雷器外绝缘表面污秽取样准备进行等值盐密测试。取样工作完成后，调查人员应对事故避雷器绝缘外套的积污状况、外套及金具的烧伤状况、外套是否出现裂纹或损伤、接地引下线的状况等进行检查。试验人员应按照预试规程对避雷器进行试验检查。对于变电所内安装的避雷器，试验人员还应对所内与事故避雷器有直接电气联系主变压器压器、TV、断路器、TA 进行试验检查。

（3）恢复运行。如避雷器各项试验结果正常，变电所内与之有直接电气联系的设备经试验检查无异常（线路用避雷器不要求），非故障相避雷器经清扫后，故障避雷器的绝缘外套经检查无裂纹、无损伤时且烧伤程度不严重时，经清扫后避雷器可恢复运行；绝缘外套烧伤虽然严重但无裂纹、无损伤时，经清扫并涂刷 RTV 涂料后，避雷器可暂时恢复运行，但宜进行更换。

4. 避雷器断裂事故的处理

（1）运行人员的职责。运行人员到达现场后应在初步判断事故的类别，判断事故相别后向上级主管部门汇报，在确认已不带电并做好相应的安全措施后对避雷器的损伤情况进行巡视。在事故调查人员到来前，严禁运行人员挪动事故避雷器的断裂部分，也不得对断口部分做进一步的损伤。

（2）事故的处置。事故调查人员到达事故现场后在对事故避雷器的断口及其他损伤做初步的检查并留下现场影像资料后，检修人员开始拆除事故避雷器的工作，拆除后的事故避雷器的各个部分应送试验室做进一步的分析。对于变电所内安装的避雷器，如伴随有单相接地或相间短路时，试验人员应对所内与事故避雷器直接连接的主变压器、TA、断路器、TV 进行试验检查。

（3）恢复运行。参考上面避雷器爆炸及阀片击穿或内部闪络事故的处理中有关内容处理。

5. 引线脱落故障的处理

（1）运行人员的职责。运行人员到达现场后应在初步判断事故的类别，判断事故相别向上级主管部门汇报，在确认引线已不带电并做好相应的安全措施后对引线连接端部、均压环的状况进行巡视并检查故障避雷器周围的设备是否有放电点或损伤。在事故调查人员到来前，严禁运行人员接触引线的连接端部，也不得攀爬避雷器或构架检查连接端子。

（2）故障的处置。事故调查人员到达故障现场后应对故障避雷器的连接端子、已脱落的引线连接端部及连接螺丝的状况进行检查，同时还应检查引线是否有断股或烧伤。此外还应检查引线脱落后是否对其他设备造成了损伤、非故障相端部连接是否可靠。试验人员应对避雷器按预试规程进行检查和试验，对于变电所内安装的避雷器，如伴随有单相接地或相间短路时，试验人员还应对与事故避雷器有直接电气连接的主变压器、互感器、断路器等设备进行试验检查。

（3）恢复运行。如避雷器的连接端子、引线的连接端部存在损伤，应对损伤进行处理，如引线存在断股或烧伤，则应对引线进行更换。然后对避雷器进行连接，连接必须牢固可靠。连接完毕经验收合格后，如避雷器各项试验结果正常，变电所内与之直接连接的电气设备经试验检查无异常（线路用避雷器不要求）时，避雷器可投入运行。

附录 A　避雷器保护原理简介

1. 避雷器保护设备的原理

避雷器保护设备的原理概括起来说既是在过电压作用下避雷器先放电，将过电压的能量释放掉，在此过程中将被保护设备上的电压稳定在一个较低的残压上（相对原过电压幅值来说），保证被保护设备的绝缘在此电压下不会发生放电或击穿，即避雷器的伏秒特性应高于被保护设备的伏秒特性，从而保证系统的稳定运行。

从这个意义上来说，如果系统不会遭受过电压的影响，那么避雷器也就失去了存在的必要。

2. 避雷器保护的动作过程

避雷器的动作可用冲击波作用下的伏秒特性来描述[17]，如图 A-1 所示。

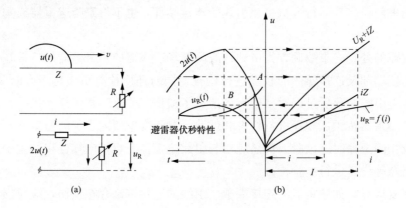

图 A-1　电压波入侵时避雷器动作电压图解

（a）接线及等值电路图；（b）图解法

$u(t)$—任意形状冲击波；i—冲击波在回路中产生的电流；Z—回路波阻；

u_R—避雷器电压与电流关系曲线；R—避雷器等效电阻；$u_R(t)$—避雷器电压与时间关系曲线；

间隙—避雷器的串联间隙；A、B 点所在的曲线—避雷器伏秒特性曲线；

$2u(t)$—将冲击波按彼得逊法则等效成的电源电压

当避雷器伏秒特性曲线与电源电压曲线相交时（A 点）避雷器开始动作，其后避雷器上电压下降至残压（B 点）附近。

因为避雷器伏秒特性较平因此其冲击放电电压一般不随入射波陡度不同而变化，即 A 点位置基本不变；又避雷器动作时阻抗的非线性保证了放电电流在大范围内变化时避雷器的残压能够基本保持不变即与全波冲击放电时一致。因此避雷器上的波形可简化为一个斜角平顶波。

3. 避雷器与被保护设备之间的关系（见图 A-2）

设避雷器与变压器间距离为 l，沿导线入侵波为陡度 a 的三角波，速度为 v。

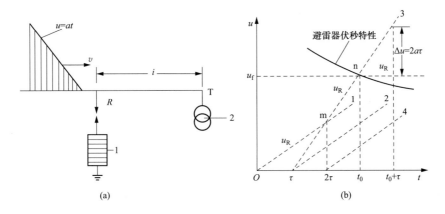

图 A-2　避雷器与被保护设备关系

（a）避雷器保护设备简单接线图；（b）避雷器与设备上的电压

1—避雷器；2—被保护设备（变压器）

在 $t=0$ 时，入射波到达避雷器，该处的电压将按 $u_R=at$ 上升（虚线 1）；

经过时间 $\tau=l/v$，波到达变压器端部 T（虚线 2）将发生全反射（忽略变压器入口电容），所以变压器上的电压为反射波与入射波的叠加，全反射时反射波与入射波完成一样，因此变压器上的电压表达式为 $u_T=2a(t-\tau)$（虚线 3）；

当 $t\geqslant 2\tau$ 时 $u_R=at+a(t-2\tau)=2a(t-\tau)$（虚线 3 从点 m 向右上），因此从 2τ 至避雷器动作前这段时间避雷器和变压器上的一样高，$u_R=u_T$；

设 $t=t_0$ 时电压 u_R 达到了避雷器放电电压（点 n），由避雷器的特性此后电压 u_R 基本上为水平线（点 n 往右）；

避雷器放电后限制电压的效果要在时间点 $t=t_0+\tau$ 才能到达变压器，这段时间内避雷器上的电压仍以陡度 $2a$ 上升，因此在 $t_0+\tau$ 变压器上的电压达到最大值 $u_T=u_R+\Delta u=u_R+2al/v$，随后变压器上的电压降至避雷器残压 u_R。

由于变压器有一定的入口电容、导线也存在电容、电感，所以避雷器动作后与变压器间的波过程是比较复杂的。变压器实际所受的冲击波如图 A-3 所示[18]。该波形与全波差别很大，与截波相类似，因此包括变压器在内的电气设备出厂时应进行截波冲击的试验。

从以上分析可见变压器上的冲击电压会高于避雷器上的电压，为保证变压器的绝缘不受到破坏应采取以下措施：一是避雷器的耐受雷电冲击和操作冲击电压水平应高于避雷器的残压；二是与避雷器的最大电气距离应满足 $l_m\leqslant(u_j-u_R)/(2a/v)$，式中 u_j 为截波耐受电压。

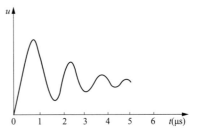

图 A-3　雷电波入侵时变压器所受典型波形图

其他被保护设备与避雷器的关系也是一样的。

附录 B 典型过电压及防范保护措施

类别	低频电压		瞬态电压		
	连续	暂时	缓波前	快波前	特快波前
电压波形					
电压波形范围	$f=50\mathrm{Hz}$, $T_t>3600\mathrm{s}$	$10\mathrm{Hz}<f<500\mathrm{Hz}$, $0.02\mathrm{s}\leqslant T_t\leqslant3600\mathrm{s}$	$20\mu\mathrm{s}<T_p\leqslant5000\mu\mathrm{s}$, $T_2\leqslant20\mathrm{ms}$	$0.1\mu\mathrm{s}<T_1\leqslant20\mu\mathrm{s}$, $T_2\leqslant300\mu\mathrm{s}$	$T_T\leqslant100\mu\mathrm{s}$, $0.3\mathrm{MHz}<f_1<100\mathrm{MHz}$, $30\mathrm{kHz}<f_2<300\mathrm{kHz}$
标准电压波形	$f=50\mathrm{Hz}$或$60\mathrm{Hz}$	$48\mathrm{Hz}<f\leqslant52\mathrm{Hz}$, $T_t=60\mathrm{s}$	$T_p=250\mu\mathrm{s}$, $T_2\leqslant2500\mu\mathrm{s}$	$T_1=1.2\mu\mathrm{s}$, $T_2=50\mu\mathrm{s}$	目前暂无标准
产生原因	正常运行条件下的系统运行,等于系统最高电压	接地故障,甩负荷,谐振和铁磁谐振,同期操作,暂时期间的纵向过电压,过电压起因的组合(如接地故障加甩负荷等)	孤光接地,线路合闸和重合闸,故障和故障切除,甩负荷,开合容性或感性电流,远方雷击架空线路导线	雷击过电压,接线接入系统的设备进行投切操作,外绝缘闪络	GIS内部故障或隔离开关操作

类别	低频电压	瞬态电压		
限制及保护措施	①在中性点接地系统中当系统发生接地故障时可用棒—棒间隙（不同于通常选择的避雷器）或在变压器中性点装避雷器，使其在变压器本身将过电压下击穿从而将接地，中性点快速接地，中性点下的接地故障高幅值过电压持续时间。②负荷突变可用并联电抗器、串联电容或诸振静止补偿器控制。③诸振和铁磁诸振过电压可通过改变系统结构或偏振或阻尼电阻的方法限制部分诸振频率。④MOA仅能限制部分诸振过电压	①限制缓波前过电压的措施有：线路断路器装合闸电阻、相位控制、灭弧室跨接非线性电阻，并联电抗器及非线性补偿器等。②MOA适合投及切合闸合闸以切除缓波前产生的电流，但一般不适合切除合闸故障产生的过电压（过电压预期幅值较低）	①对输电线路可采用架空地线设计、降低塔基接地阻抗、加强线路绝缘。②在变电所附近使用接地横担或接地火花间隙限制雷电侵入波幅值。③选择恰当的避雷器接地电阻，小电流截断特性，无重击穿特性，相使用分闸或合闸控制、位控制器等。④可用避雷器进行保护	①安装附加电容降低频率。②可用避雷器保护
无间隙金属氧化物避雷器的保护特性		操作冲击电流下的残压	①陡波前冲击电流下的残压②雷电冲击电流下的残压	
有串联间隙避雷器的保护特性		操作冲击电流下的残压和操作冲击放电电压	①陡波前冲击电流下的残压和波前放电电压②雷电冲击电流下的残压和 1.2/50μs 冲击电压	

注 T_1——波前时间；T_2——电压降到半峰值时间；T_p——到峰值时间，T_t——总的过电压持续时间。

85

附录 C 专业术语

1. 避雷器结构

1.1 避雷器（surge arrester）

是一种用于保护电气设备免受高瞬态过电压危害并限制续流时间也常限制续流幅值的一种电器。包含运行安装时对于该电器正常功能所必需的任何外部间隙。

注1 避雷器通常连接在电网导线与底线之间，然而有时也连接在电器绕组旁或导线之间。

注2 避雷器有时也称为过电压保护器、过电压限制器（surger divider）。

1.2 无间隙金属氧化物避雷器（metal-oxide surge arrester without gaps）

由非线性金属氧化物电阻片串联和（或）并联组成且无并联或串联放电间隙的避雷器。

注 无间隙金属氧化物避雷器有时也称为金属氧化物避雷器（metal-oxide surge arrester 或 MOA），无间隙避雷器。

1.3 有间隙金属氧化物避雷器（metal-oxide varistor gapped surge arrester）

由金属氧化物电阻片与放电间隙串联和（或）并联组成的避雷器。

1.4 有间隙阀式避雷器（non-linear esistor type gapped arrester）

具有一个或多个放电间隙并与一个或多个非线性电阻片串联或并联的避雷器。

注 有间隙阀式避雷器有时也称为间隙避雷器。

1.5 碳化硅阀式避雷器（silicon carbide valve type surge arrester）

由碳化硅非线性电阻片与放电间隙串联组成的避雷器。

由碳化硅非线性电阻片与非磁吹放电间隙串联组成的避雷器，为普通阀式避雷器。

由碳化硅非线性电阻片与磁吹放电间隙串联组成的避雷器，为磁吹阀式避雷器。

1.6 线路避雷器（line arrester）

通常用于电力线路以降低瞬态雷电冲击时绝缘子闪络危险的一种避雷器。

注 通常不用于保护绝缘子免受其他的暂态冲击。必要时也可用于保护线路绝缘子以外的任何其他电器设备。

1.7 气体绝缘金属封闭无间隙金属氧化物避雷器（gas-insulated metal enclosed surge arrester）GIS 避雷器（GIS arrester）

金属氧化物非线性电阻片（无串并联间隙），封闭在金属外壳内，并以气体（如六氟化硫）作为绝缘介质所组成的避雷器。

注1 通常气体压力高于 $1bar = 10^5 Pa$。

注2 用于气体绝缘开关。

1.8 瓷外套避雷器（porcelain housed arrester）

用瓷作外套封装材料并带附件和密封系统的避雷器。

1.9　复合外套避雷器（polymer housed arrester）

用聚合物和复合材料作外套封装材料并带附件和密封系统的避雷器。

注　有可能设计有密闭气体，密封可以利用有机材料自身或用单独的密封系统。

1.10　非线性电阻片（non-linear resistor）

阀片：避雷器的部件由于其非线性伏安特性，在过电压时呈低电阻，从而限制了避雷器，两端的电压，而在正常运行（工作）电压下呈高电阻。

1.11　金属氧化物压敏电阻（metal oxide varistor）MOV

由金属氧化物如氧化锌为主要材料构成的非线性电阻片称为金属氧化物压敏电阻或氧化锌非线性电阻片，主要用于金属氧化物避雷器。

1.12　碳化硅非线性电阻片（silicon carbide varistor）

由碳化硅为主要材料构成的非线性电阻片称为碳化硅非线性电阻片，主要用于碳化硅阀式避雷器。

1.13　外套（housing）

外套是避雷器的外绝缘部分，是用来提供必要的爬电距离并保护内部部件不受环境影响。

注　外套可以包括几个部分，以提供机械强度并保护内部部件不受环境影响。

1.14　伞（裙）（shed）

外套伸出的绝缘部分，用来增加爬电距离。

1.15　避雷器的内部均压系统（internal grading system of an arrester）

并联于一个或一组非线性金属氧化物电阻片上的均压阻抗，尤指均压电容器，以控制沿金属氧化物电阻片柱上的电压分布。

1.16　避雷器的均压环（grading ring of an arrester）

一种金属部件，通常是圆环形的，用以改善静电场下避雷器的电压分布。

1.17　避雷器的比例单元（section of an arrester）

组装好的避雷器的一个完整部分，对于特定试验其必须代表完整避雷器的性能。避雷器的比例单元不一定是避雷器元件。

1.18　电气单元（electrical unit）

避雷器的一部分，每一个元件的端部是一个暴露在外部环境中的电极。

1.19　机械单元（mechanical unit）

避雷器的一部分，其中电阻片的轴向机械运动被限制。

1.20　避雷器的元件（unit of an arrester）

避雷器完整组装的一部分，可与其他元件串联和（或）并联，组成更高电压和（或）更高电流额定值的避雷器。避雷器的元件不一定是避雷器的比例单元。

1.21　避雷器的压力释放装置（press relief device of an arrester）

释放避雷器内部压力的装置，并防止外套由于避雷器的故障电流或内部闪络时间延长而发生爆破。

1.22 串联间隙（series gap）

有意设置的空气间隙，隔离（空气）的电极串联于一个或多个金属氧化物电阻片，间隙电压为全部或部分避雷器端子电压。

1.23 外串联间隙（external series spark gaps）

外串联间隙（简称间隙）与避雷器本体相串联，是线路避雷器的一部分。间隙又分以下两种形式，

a. 复合绝缘支撑间隙：间隙上下两个金属电极由复合绝缘子相连接，复合绝缘子起固定间隙距离的作用；

b. 纯空气间隙：间隙之上下两个金属电极之间仅存在空气介质的间隙。

1.24 并联间隙（shunt gap）

有意设置的空气间隙，隔离（空气）的电极在电气上并联于一个或多个金属氧化物电阻片。

1.25 主串联金属氧化物电阻（main series metal oxide resisters）

该电阻在冲击时承担能量，不应同与隔离间隙相并联的用于均压的电阻混淆。

1.26 避雷器的脱离器（arrester disconnector）

在避雷器故障时，使避雷器与系统脱开的一种装置。它用来防止系统持续故障，并给出事故避雷器的可见标志。

注 切断通过避雷器的故障电流，一般不是该装置的功能。

1.27 放电计数器（discharge counter）

记录避雷器的动作（放电）次数的一种装置。

1.28 监测器（monitor）

用来显示避雷器泄漏电流并记录放电次数的一种装置。

1.29 故障指示器（fault indicator）

用来指出避雷器故障的装置，它不能将避雷器从系统断开。

1.30 金属氧化物绝缘在线监测装置（on-line insulation monitoring device of metal oxide arrester）

用于对金属氧化物避雷器的绝缘状态参量进行连续实时或周期性自动监视监测的装置。一般有传感器、通讯控制部分、数据采集和处理部分组成。

2. 避雷器特性及试验

2.1 非线性系数（non-linear coefficient）

非线性电阻片的伏安特性一般可用下式表示：

$$U = CI^\alpha \text{ 或 } I = KU^\beta$$

式中 U——非线性电阻片的电压（峰值），单位为 kV；

α——材料的非线性系数；

β——$1/\alpha$；

C——材料常数；

K——$(1/C)^\beta$;

I——通过电阻片的电流（峰值），单位为 kA。

2.2 避雷器的保护特性（protective characteristic of an arrester）

表征避雷器保护作用的特征数值，对于有串联间隙的避雷器有下列四项构成：

a. 避雷器冲击放电伏秒特性曲线；

b. 在标称放电电流下避雷器的残压；

c. 避雷器操作冲击放电伏秒特性曲线；

d. 在操作冲击放电电流下避雷器的残压。

对于无间隙金属氧化物避雷器，其保护特性由下列参数构成：

a. 陡波冲击电流下的残压；

b. 雷电冲击电流下的残压；

c. 操作冲击电流下的残压。

2.3 避雷器的额定电压 U_r（rated voltage of an arrester）

施加到避雷器端子间的最大工频电压有效值，按照此电压设计的避雷器，能在所规定的动作负载试验中确定的暂时过电压下正确地工作。它是表明避雷器运行特性的一个重要参数，对 MOA 来说在一次或多次冲击电流作用后，能承受 10s 的额定电流，随后降至持续运行电压 30min，不出现热崩溃现象。这是一种热负载的考验，所以它不等于系统标称电压。

$$U_r \geqslant kU_T$$

式中　k——切除单相接地故障时间系数；

10s 及以内切除，$k=1.0$；10s 以上切除，$k=1.25\sim1.3$。

（$k=1.25$ 主要用于保护并联补偿电容器及其他绝缘较弱设备的避雷器）

U_T——暂时过电压 kV。

2.4 避雷器的额定频率（rated frequency of an arrester）

避雷器设计使用的电源频率。

2.5 避雷器的持续运行电压 U_c（continuous operating voltage of an arrester）

允许持续施加在避雷器两端的工频电压有效值。避雷器吸收过电压能量后温度升高，在此电压作用下能正常冷却，不发生热击穿。一般不低于最高运行相电压。

2.6 避雷器的持续电流（continuous current of arrester）

施加持续运行电压时流过避雷器电流。

注　持续电流由阻性和容性分量组成，随温度、杂散电容和外部污秽影响而变化。因此试品持续电流可不同于整只避雷器的持续电流。

2.7 避雷器的泄漏电流（leakage current of an arrester）

氧化锌阀片相当于一个电阻和电容的混联电路，考虑杂散电容后，一只避雷器相当于一个阻容链。在交流电压下，避雷器的总泄漏电流中包含着阻性电流（有功分量）和容性电流（无功分量）。正常情况下，流过避雷器的主要为容性电流，阻性电流只占很小一部分。当阀片老化时，以及避雷器受潮、内部绝缘部件受损以及表面严重污秽时，容性电流变化不多，而阻性电流大大增加。所以测量泄漏电流是监测避雷器的主要方法，通常测量 $0.75U_{1mA}$ 下的泄漏电流值。

2.8 电流的阻性分量（resistive component of current）

通过避雷器的工频电流的阻性分量的峰值，它是由非线性电阻片的电阻所决定的那部分电流。

2.9 避雷器的工频参考电流（power—frequency reference current of an arrester）

用以确定避雷器工频参考电压的工频参考电流阻性分量的峰值（如果电流是非对称的，取两个极性中较高的峰值）。工频参考电流应足够大，使杂散电容对所测避雷器或元件（包括设计的均压系统）的参考电压的影响可以忽略。该值由制造厂规定。

注1 工频参考电流取决于避雷器的标称放电电流或线路放电等级。对单柱避雷器，参考电流值的典型范围为每平方厘米电阻片面积 $0.05\sim1mA$。

注2 在工频参考电流波形因极性而不对称情况下，应取两极性中较高的电流来确定参考电流。

2.10 避雷器的工频参考电压 $U_{(a.c.ref)}$（power-frequency reference voltage of an arrester）

在避雷器通过工频参考电流时测出的避雷器工频电压最大峰值除以 $\sqrt{2}$。多元件串联组成的避雷器的电压是每个元件工频参考电压之和。通常以通过 1mA 工频电流阻性分量峰值和直流幅值时避雷器两端电压峰值 U_{1mA} 定义为参考电压。从这一电压开始，认为避雷器进入限制过电压的工作范围，所以也称为转折电压。

注 测量工频参考电压对动作负载试验中正确选择试品是必需的。

2.11 避雷器的直流参考电流（direct-current reference current of an arrester）

用以确定避雷器直流参考电压的直流电流平均值。

避雷器直流参考电流通常取 $1\sim5mA$。

2.12 避雷器的直流参考电压 $U_{(d.c.ref)}$（direct-current reference voltage of an arrester）

在避雷器通过直流参考电流时测出的直流电压平均值。此电压的意义与 2.9 类似。

注 测量直流参考电压对动作负载试验中正确选择试品是必需的。

2.13 0.75 倍直流参考电压下漏电流（leakage current at 0.75D.C. reference voltage）

在 0.75 倍直流参考电压下流过避雷器的漏电流。在此电压下避雷器应处于小电流区，所以此电压应大于持续运行电压。

2.14 避雷器的荷电率（applied voltage of an arrester）

避雷器的最大持续运行电压（峰值）与其参考电压（峰值）之比。它表征单位电阻片上的电压负荷，$\eta=Uc/U_{1mA}$。荷电率的高低对避雷器老化程度的影响很大，在中性点非有效接地系统中，一般采用较低的荷电率，而在中性点直接接地系统中，采用较高的荷电率。

2.15 非线性电阻片的压比（voltage ratio of a non-linear resistor）

非线性电阻片的标称放电电流下的残压（峰值）与其参考电压（峰值）之比。指避雷器阀片通过波形为 $8/20\mu s$ 的标称冲击放电电流时的残压与起始动作电压之比，例如 5kA 压比为 $K=U_{5kA}/U_{1mA}$，压比越小，表明残压越低，保护性能越好。

2.16 比能量（specific energy）

表明避雷器在放电试验中吸收能量的一个参数，用每千伏额定电压下的千焦数表示。

2.17 通流容量

表示避雷器阀片能耐受通过电流的能力。因为避雷器中通过的电流主要有两种，一种是雷电流，另一种是工频续流。所以通常分别用一定幅值的冲击电流和方波电流来进行试验，冲击电流波形规定为 $4/10\mu s$ 和 $18/40\mu s$。方波电流试验虽然电流幅值较小，但持续时间长得多—2ms 方波，用于检测阀片长线能量释放能力，对其是严格的考验。

2.18 避雷器的大电流冲击（high current impulse of an arrester）

冲击波形为 $4/10\mu s$ 的放电电流峰值，用于试验避雷器在直击雷时的稳定性。

2.19 放电电流（discharge current）

流过避雷器的冲击电流。

2.20 续流（follow current）I_f

继放电电流流过后，通过避雷器的电源电流。

2.21 残压（residual voltage）U_{res}

避雷器流过放电电流时两端的电压峰值。

2.22 冲击残压

这是避雷器保护特性中的主要指标，对于 220kV 及以下的避雷器，一般都是按波形为 $8/20\mu s$、幅值为 5kA 的冲击电流来测量残压的，对于 330kV 及以上系统，由于可能出现较大的雷电流，因此用幅值为 10kA 的冲击电流来测量残压。残压越低，被保护设备的绝缘水平可以越低。

2.23 标称放电电流（nominal discharge current）I_n

流过避雷器具有 8/20 波形的电流峰值。对于避雷器，其用来划分避雷器等级。

2.24 避雷器的间隙放电（sparkover of an arrester）

避雷器间隙的电极间的击穿放电。

2.25 避雷器的冲击放电伏秒特性曲线（impulse sparkover voltage—time curve of an arrester）

避雷器冲击（击穿）放电电压与预放电时间关系曲线。

2.26 避雷器的冲击因数（impulse factor of an arrester）

避雷器的冲击放电电压与工频放电电压之比。

2.27 避雷器的切断比（interruptive ratio of an arrester）

避雷器工频放电电压与其额定电压之比。

2.28 避雷器的工频放电电压（power-frequency sparkover voltage of an arrester）

加到避雷器端子上，使全部串联间隙放电，所测得的峰值除以$\sqrt{2}$的工频电压值。

2.29 避雷器的冲击放电电压（impulser voltage of an arrester）

当给定波形和极性的冲击电压加到避雷器端子上时，在避雷器放电之前电压达到的最大值。

2.30 避雷器的波前冲击放电电压（front-of-wave impulser voltage of an arrester）

在与时间成线性增长的冲击波前，所得到的冲击放电电压。

2.31 避雷器的标准雷电冲击放电电压（standardlighting impulse sparkover voltage of an arrester）

在每次将标准雷电冲击电压加到避雷器上，都能引起放电的最低预期峰值。

2.32 避雷器的预放电时间（time to sparkover of an arrester）

从视在原点到避雷器放电瞬间的时间。用 μs 表示。

2.33 避雷器的工频电压耐受时间特性（power frequency withstand voltage versus time characteristics of an arrester）

在规定条件下，对避雷器施加不同的工频电压，避雷器不损坏、不发生热崩溃时所对应的最大持续时间的关系曲线。

2.34 冲击电流耐受能力（impulse current withstand capacity）

冲击电流通流容量

在规定的波形（方波、雷电和线路放电等）情况下，非线性电阻片耐受通过电流的能力，以电流的幅值和次数表示。

2.35 动作负载试验（operating duty test）

用于确定避雷器在规定的条件下可靠重复动作的能力。

模拟雷电过电压动作的试验称为大电流冲击动作负载试验。

模拟操作过电压动作的试验称为操作冲击动作负载试验。

2.36 热崩溃（thermal runaway）

避雷器的功率损耗超过外套和连接件的散热能力，引起非线性电阻片温度不断升高最终导致损害的情况。

2.37 热稳定（thermal stability）

避雷器在动作负载引起温度上升后，在规定的环境条件下对避雷器加规定的持续运行电压时，电阻片的温度随时间降低的情况。

2.38 加速老化试验（accelerated ageing test）

按照一定的规定，在规定的时间和温度下，向试品施加规定的电压，以考核非线性电阻片老化性能的试验。

2.39 密封性（气密性/水密性）［seal（gas/water-tightness）］

避雷器禁止影响其电气和（或）机械性能之介质侵入其内部的能力。

2.40 带电检测

一般采用便携式检测设备，在运行状态下，对设备状态量进行的现场检测，其检测方式为带电短时间内检测，有别于长期连续的在线监测。

2.41 高频局部放电检测

高频局部放电检测技术是指对频率介于 3MHz-30MHz 区间的局部放电信号进行采集、分析、判断的一种检测方法。

2.42 红外热像检测

利用红外热像技术，对电力系统中具有电流、电压致热效应或其他致热效应的带电设备进行检测和诊断。

2.43 型式试验（type test）

设计试验（design test）

完成一种新的避雷器设计开发时所作的试验，以确定代表性的性能，并证明符合有关的标准。一旦作了这些试验，无需重做。除非设计改变而改变其性能时。这时只需重作有关试验项目。

2.44 例行试验（routine test）

按要求对每只避雷器进行的试验，以保证产品符合设计规范。

2.45 验收试验（acceptance test）

经供需双方协议，对订购的避雷器或代表性试品所作的试验。

2.46 破坏性放电（disruptive discharge）

在电场下与绝缘破坏（包括电压的突降和电流的导通）有关的现象。

注 在固体介质中的击穿放电将导致绝缘强度永久丧失，而在液体或气体介质中，这种丧失可以是暂时的。

2.47 击穿（puncture）

通过固体的一种击穿放电。

2.48 闪络（flashover）

固体介质表面上的击穿放电。

3. 冲击波

3.1 冲击（impulse）

一种单向的电压或电流波，无明显震荡，迅速上升的最大值，然后通常缓慢得下降到零，即使带有反极性震荡，其幅值也很小。

定义冲击电流和冲击电压的参数是：极性、峰值、波前时间和波尾降至半峰值时间。

3.2 冲击峰值〔peak（crest）value of an impulse〕

冲击电压或冲击电流的最大值，叠加的震荡可以忽略不计。

3.3 冲击波反极性幅值〔peak（crest）value of opposite polarity of an impulse〕

冲击电压或电流波在达到永久零值前绕零值震荡时的反极性最大幅值。

3.4 冲击波前 （front of an impulse）

冲击波峰值以前的部分。

3.5 冲击波尾 （tail of an impulse）

冲击波峰值以后的部分。

3.6 冲击波的视在原点 （virtual origin of an impulse）

在电压对时间或电流对时间的曲线上，通过冲击波前上两个参考点所画直线与零值电压或零值电流的时间轴相交所确定的点。对于冲击电流，两个参考点为峰值的 10% 和 90%。

注 1 本术语仅适用于纵坐标和横坐标的标度为线性时。

注 2 如果在波前出现震荡时，10% 和 90% 的参考点应在通过震荡的平均曲线上取值。

3.7 冲击电流视在波前时间 （virtual front time of a current impulse）T_1

以 μs 表示的时间，等于电流峰值的 10% 增加到 90% 的时间（单位 μs）乘以 1.25 倍。

注 如果在波前出现震荡时，10% 和 90% 的参考点应在通过震荡的平均曲线上取值。

3.8 冲击波前的视在陡度 （virtual steepness of the front of an impulse）

冲击波峰值与视在波前时间之商。

3.9 冲击波尾半峰值的视在时间 （virtual time to half-value on the tail of an impulse）T_2

视在原点与电压或电流降至峰值一半的时间间隔，该时间用 μs 表示。

3.10 长持续时间冲击电流 （long duration current impulse）

一种方波冲击，其迅速升至最大值，在规定时间内保持恒定，然后迅速降至零。

定义方波冲击的参数为：极性、峰值、视在峰值持续时间和视在总持续时间。

3.11 方波冲击的视在持续时间 （virtual duration of the peak of a rectangular impulse）

冲击波幅值大于其峰值 90% 的时间。

3.12 方波冲击的视在总持续时间 （virtual total duration of a rectangular impulse）

方波的幅值大于其峰值 10% 的时间。如果波前存在小的震荡，应画出平均曲线，以确定达到峰值 10% 的时间。

3.13 斜角波 （linearly rising front impulse）

从视在原点到试品放电截断之前以近似恒定陡度上升的冲击电压波。

3.14 全波冲击电压 （full-wave voltage impulse）

没有被放电、闪络或击穿截断的冲击电压。

3.15 截波冲击电压 （chopped voltage impulse）

在波前、波峰或波尾被放电、闪络或击穿截断而使电压急剧下降的冲击电压。

3.16 截波冲击电压的预期峰值 ［prospective peak （crest） value of a chopped voltage impulse］

获得截波冲击电压的全波冲击电压的峰值。

3.17 标准雷电冲击电压（standard lighting voltage Impulse）

波形为 1.2/50μs 的冲击电压。

3.18 操作冲击电压（switching voltage Impulse）

视在波前时间大于 30μs 的冲击电压。

3.19 陡波冲击电流（steep current impulse）

视在波前时间为 1μs 的一种冲击电流，因设备调整的限制，实测值为 0.9～1.1μs，视在波尾半峰值时间不大于 20μs。

注　波尾半峰值时间是不重要的，在残压型式试验时可有任意偏差。

3.20 雷电冲击电流（lighting current impulse）

一种 8/20 的冲击电流，因设备调整的限制，视在波前时间的测量值为 7μs～9μs，波尾半波峰时间为 18～22μs。

注　波尾半峰值时间是不重要的，在残压型式试验时可有任意偏差。

3.21 操作冲击电流（switching current impulse）

视在波前时间大于 30μs 但小于 100μs 的一种冲击电流，视在波尾半峰值时间约为视在波前时间的 2 倍。

参 考 文 献

［1］ 江苏省电力工业局，江苏省电力试验研究所. 电气试验技能培训教材［M］. 北京：中国电力出版社，1998.

［2］ 蒋国雄，邱毓昌. 避雷器及其高压试验［M］. 西安：西安交通大学出版社，1989.

［3］ 清华大学，西安西电避雷器有限责任公司，重庆大学合编. 中国电气工程大典（第 10 卷）：输变电工程 第五篇绝缘子和避雷器［M］. 北京：中国电力出版社，2010.

［4］ 邱毓昌，施围，张文远. 高电压工程［M］. 西安：西安交通大学出版社，1995.

［5］ 罗学琛. SF₆ 气体绝缘全封闭组合电器（GIS）［M］. 北京：中国电力出版社，1999.

［6］ 熊泰昌. 电力避雷器［M］. 北京：中国水利电力出版社，2013.

［7］ 肖国斌，祝毅，李政文. 新型热爆式避雷器用脱离器［J］. 广东电力，2003，16（6）：56-58.

［8］ 闫文奕，张潇哲等. 热爆式避雷器性能及试验方法研究［J］. 电瓷避雷器，2011，242（2）：46-51.

［9］ 刘勇，骆志新. 带热熔式脱离器复合外套避雷器的验证及有关问题的分析［J］. 电瓷避雷器，2003，193（3）：38-39.

［10］ 李建英，胡楠，李盛涛等. 提高 ZnO 压敏电阻片能量耐受能力的方法和途径［J］. 电瓷避雷器，1998，2（169）：33-39.

［11］ 周龙等. 金属氧化物避雷器运行状态监测中的变系数补偿法和阀片性能诊断方法的研究［J］. 电工技术学报，1998，13（6）：21-24.

［12］ 江日红，张兵，罗晓宇. 发变电站防雷保护及应用实例［M］. 北京：中国电力出版社，2005.

［13］ 解广润. 电力系统过电压［M］. 北京：水利电力出版社，1987.

［14］ 周泽存. 高电压技术［M］. 北京：水利电力出版社，1988.

［15］ 张永跃，周志芳，王财胜，金阻山. 氧化锌避雷器均压环对测量数据的影响［J］. 高电压技术，2008，26（2）：80-81.

［16］ 孟庆喜，氧化锌电阻片的性能及制造工艺［J］. 高压电器通讯，2011，1：1-4.